智能制造应用型人才培养系列教程
工业机器人技术

U0734398

工业机器人技术基础

微课版

张茜 张金红 孙成安 / 主编

郝雷 孔令钊 黄文静 张晓娜 / 副主编

ELECTROMECHANICAL

人民邮电出版社
北京

图书在版编目（CIP）数据

工业机器人技术基础：微课版 / 张茜，张金红，孙
成安主编. -- 北京：人民邮电出版社，2025. --（智
能制造应用型人才培养系列教程）. -- ISBN 978-7-115
-64748-1

Ⅰ. TP242.2

中国国家版本馆 CIP 数据核字第 20243ZA269 号

内 容 提 要

本书系统地介绍工业机器人的基础知识，并以 ABB 工业机器人为例讲解工业机器人的控制方式、手动操纵和应用编程。全书共 8 个模块，主要介绍工业机器人的基础知识、工业机器人的结构、工业机器人相关的运动学和动力学知识、工业机器人的传感器和控制系统，以及工业机器人的手动操纵方法、编程方式和具体应用。本书每个模块均配有在线课程，以满足线上线下混合式教学新模式的需求。

本书既可作为职业本科院校智能制造工程技术、机械设计制造及自动化等专业的教材，以及高职高专院校工业机器人技术、机电一体化技术、电气自动化技术、智能控制技术等专业的教材，也可作为相关从业人员的参考书。

◆ 主　　编　张　茜　张金红　孙成安
　　副主编　郝　雷　孔令钊　黄文静　张晓娜
　　责任编辑　王丽美
　　责任印制　王　郁　焦志炜
◆ 人民邮电出版社出版发行　　北京市丰台区成寿寺路 11 号
　　邮编　100164　电子邮件　315@ptpress.com.cn
　　网址　https://www.ptpress.com.cn
　　三河市君旺印务有限公司印刷
◆ 开本：787×1092　1/16
　　印张：11.75　　　　　　　　　2025 年 4 月第 1 版
　　字数：359 千字　　　　　　　2025 年 4 月河北第 1 次印刷

定价：49.80 元

读者服务热线：(010)81055256　印装质量热线：(010)81055316
反盗版热线：(010)81055315

前言

21 世纪以来，制造业面临全球产业结构调整带来的机遇和挑战。工业机器人的发展和应用，是我国制造业走向高端化和智能化的重中之重。而工业机器人技术基础作为工业机器人相关专业的基础课程，对工业机器人技术专业学生的职业能力培养和职业素质养成起重要支撑作用。本门课程的前导课程有电路基础、计算机文化基础、低压电气控制技术等，以前导课程为基础学习本门课程，可为后续的工业机器人编程、工业机器人系统集成与应用等课程的学习打下坚实的基础。

根据工业机器人使用需求及学情分析，本书选用 ABB 品牌 IRB 120 型号机器人为授课设备，并通过"以实际应用为载体设计学习内容，以成果累积为导向设计学习过程"的并联结构进行内容体系建设，帮助学生形成生长性思维模式。本书具有以下特点。

1. **以立德树人为目标进行学思融合元素挖掘**。本书蕴含丰富的学思融合元素，旨在引导学生主动关注科技前沿技术，培养锐意进取、勇于担当的精神；时刻铭记安全是一切工作的生命线，自觉遵章守则，做事严谨认真；以新时代大国工匠为楷模，立匠德、钻匠技，一丝不苟、精益求精、恪尽职守、爱岗敬业。这些学思融合元素并不一一对应于各部分知识点，而是全程逐步深化，融入每一个环节。

2. **以产教融合、课证融通为基础指导学习方向**。本书本着深化"岗课赛证"改革的目的，融合"1+X"机器人相关领域证书要求的基础内容，主要介绍工业机器人技术的基本原理、基本操作以及应用实例。

3. **以实际应用为载体进行项目内容设计**。本书以工业机器人基础内容的实际应用为载体设计学习过程，每一个模块都包含"学习导读→学习目标→思维导图→相关知识→技能训练→模块小结→巩固练习"这一完整过程，突出学以致用的针对性。

4. **以成果累积为导向进行学习模式设计**。本书的整体架构包括工业机器人认知（模块 1 和模块 2）、工业机器人基础知识（模块 3 ~ 模块 5）、工业机器人操纵和编程（模块 6 和模块 7）、工业机器人应用案例（模块 8）等内容。每一模块的学习成果会被带入下一模块，作为下一模块的学习起点和基础。

5. **以实际案例为依托进行能力递进设计**。本书以单个工件搬运任务为依托，通过"简单→复杂"的组合，实现由浅入深、由简单到复杂的学习能力递进，最终完成机器人的编程操纵任务。

6. **以精品在线课程和虚拟仿真平台为依托实现混合式教学**。本书配套丰富的数字资源，便于实施线上线下混合式教学，本书配套的在线开放课程从 2019 年开始在智慧职教 MOOC 上线运行，目前已有超过 200 个单位和学校，近 2000 名学生参与了课程。结合智慧职教 SPOC 平台，将 MOOC 中的内容充分应用到实际教学中，使用效果良好。同时结合虚拟仿真平台 RobotStudio，演示工业机器人 I/O 配置和仿真操作、可编程按钮的使用、定义数字信号步骤、系统备份与恢复步骤、单个工件搬运任务编程和调试运行，使学习方式更加多元化。

本书建议课时为 52 课时，具体安排如下。

模块名称	任务名称	课时
认识工业机器人	工业机器人的发展历史	2 课时
	工业机器人的定义及发展分析	
	工业机器人的分类	2 课时
	工业机器人的应用领域	
工业机器人的结构	工业机器人的基本组成	2 课时
	工业机器人的执行机构	2 课时
工业机器人的运动学和动力学	工业机器人运动学与动力学的数学基础	2 课时
	工业机器人的运动学	6 课时
	工业机器人的动力学	
工业机器人的传感部分	认识传感器	2 课时
	工业机器人的内部传感器	4 课时
	工业机器人的外部传感器	
	传感器融合	2 课时
工业机器人的控制系统	工业机器人的控制系统及控制方式	4 课时
	ABB 工业机器人控制柜和 I/O 板卡	4 课时
工业机器人的手动操纵	用示教器手动操纵工业机器人	4 课时
	工业机器人的坐标系和运动方式	4 课时
工业机器人编程技术	工业机器人的编程方式	2 课时
	典型任务：单个工件搬运的运动规划	2 课时
	典型任务：单个工件搬运编程	4 课时
工业机器人的应用	码垛机器人的应用	4 课时
	搬运机器人的应用	
	焊接机器人的应用	

本书由河北工业职业技术大学张茜、张金红、孙成安任主编，河北大学郝雷及河北工业职业技术大学孔令钊、黄文静、张晓娜任副主编，河北工业职业技术大学李月朋、曹学文、王菲菲，邯郸科技职业学院杨晓惠，承德应用职业技术学院丛珊，河北省科技工程学校郭婷婷和天津华电南疆热电有限公司杨文晓参与编写。团队还共同完成了课程资源制作。

在编写本书的过程中，编者得到了北京德普罗尔科技有限公司的大力支持，该公司提供了与本书内容匹配的大量资源，在此表示感谢。

由于编者水平有限，书中难免有疏漏和欠缺之处，敬请广大读者提出宝贵意见，联系邮箱：378456124@qq.com。

编　者

2024 年 12 月

目录

模块 8

工业机器人的应用 149

模块1
认识工业机器人

01

【学习导读】

随着"工业4.0"概念的提出，以智能工厂、智慧制造为主题的第四次工业革命已经悄然来临，其最终目标是建立高度灵活的、自动化的产品与服务的生产模式。工业机器人作为自动化技术的集大成者，是该生产模式的重要组成单元。当前，机器人产业的发展，对工业机器人编程与操作的技能型人才的需求越来越紧迫，开展工业机器人技术专业人才培养尤为重要。

【学习目标】

知识目标

- 了解工业机器人的发展历史；
- 了解工业机器人的定义；
- 了解工业机器人的分类及用途；
- 了解工业机器人的发展趋势。

能力目标

- 能够准确理解工业机器人的定义；
- 能够清楚工业机器人的不同分类方法和不同的用途；
- 能够认识工业机器人的四大品牌。

素养目标

- 提高思维能力，激发学习工业机器人的兴趣；
- 认识掌握工业机器人技能的重要性，增强责任感和荣誉感。

【思维导图】

```
                                    ┌─ 早期机器人的发展
                                    ├─ 近代机器人的发展
                    工业机器人的发展历史 ─┤
                                    ├─ 未来机器人的展望
                                    └─ 机器人发展历程总结

                                    ┌─ 工业机器人的定义
                                    ├─ 工业机器人行业发展分析
          认识工业机器人    工业机器的定义及发展分析 ─┤ 工业机器人发展的障碍
                                    ├─ 不同国家对工业机器人的定义
                                    └─ 认识工业机器人四大品牌

                                    ┌─ 按工业机器人臂部的运动形式分类
                    工业机器人的分类 ─┤ 按工业机器人的驱动方式分类
                                    └─ 工业机器人分类分析

                                    ┌─ 机器人搬运应用
                                    ├─ 机器人机械加工应用
                                    ├─ 机器人喷涂应用
                    工业机器人的应用领域 ─┤ 机器人装配应用
                                    ├─ 机器人焊接应用
                                    └─ 不同应用领域机器人的结构特点
```

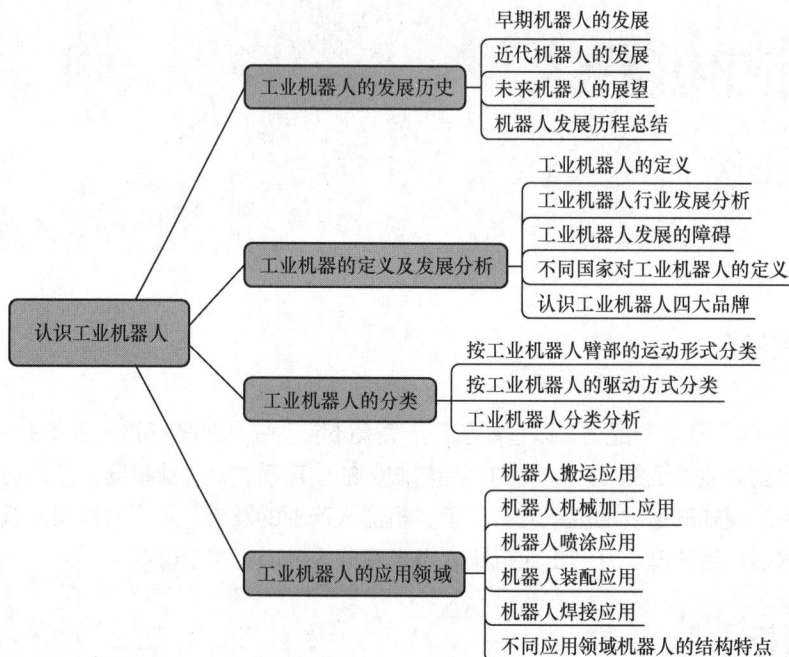

1.1 工业机器人的发展历史

微课：工业机器人的发展历史

工业机器人的发展历史可以追溯到数千年前。早在古希腊时期，人类就开始尝试创造能够像人一样移动的机械装置。

【相关知识】

1.1.1 早期机器人的发展

"机器人"是存在于多种语言和文字中的新造词，它体现了人类长期以来的一种愿望，即创造出一种像人一样的机器或"人造人"，以便能够代替人进行各种工作。

直到几十年前，"机器人"才作为专业术语被加以引用，然而机器人的概念在人类的想象中已存在三千多年了。早在我国西周时代（公元前 1046—前 771 年），就流传着有关巧匠偃师献给周穆王歌舞机器人的故事。

东汉时期（公元 25—220 年），我国科学家张衡，不仅发明了震惊世界的"候风地动仪"，还发明了测量路程用的"记里鼓车"，车上装有木人、鼓和钟，每走 1 里（1 里=0.5km），击鼓一次，每走 10 里击钟一次，奇妙无比，如图 1-1 所示。

三国时期的蜀汉（公元 221—263 年），丞相诸葛亮既是一位军事家，又是一位发明家。他成功地创造出"木牛流马"，可以用于运送军用物资，这可能是最早的陆地军用机器人，如图 1-2 所示。

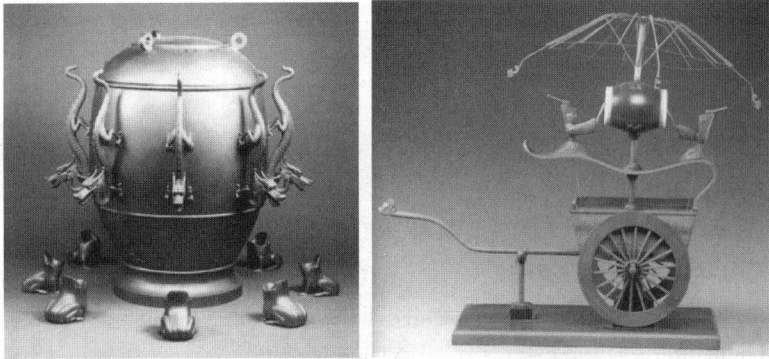

图 1-1 "候风地动仪"与"记里鼓车"

图 1-2 "木牛流马"模型

在国外,也有一些国家较早进行了机器人的研制。1662 年,日本人竹田近江,利用钟表技术发明了能进行表演的自动机器玩偶。

1770 年,美国科学家发明了一种报时鸟,一到整点,这种鸟的翅膀、头便开始运动,同时发出声音,它的主弹簧驱动齿轮转动,使活塞压缩空气而发出声音,同时齿轮转动时带动凸轮转动,从而驱动翅膀、头运动。

1893 年,加拿大人摩尔设计的能行走的机器人"安德罗丁",是以蒸汽为动力的。

这些机器人工艺珍品,标志着人类在机器人从梦想到现实这一漫长道路上,前进了一大步。

1.1.2 近代机器人的发展

1920 年,捷克斯洛伐克剧作家卡雷尔·恰佩克在他的科幻剧目《罗萨姆的万能机器人》(见图 1-3)中,第一次提出了"机器人"(Robot)这个名词,这被当成机器人一词的起源。在捷克语中,Robot 这个词是指一个赋役的奴隶。

20 世纪初期,"机器人"这个词已经活跃在各个国家中,由于人们对机器人不了解,因此对它的诞生既不安又期待。他们并不知道即将被发明出来的机器人对他们的生活会产生什么样的影响,也不知道应该把机器人看作宠物,还是怪物。

针对人类社会对即将问世的机器人的不安,美国著名科学幻想小说家阿西莫夫于 1950 年在他的小说《我,机器人》中,首先使用了"机器人学"(Robotics)这个词来描

图 1-3 卡雷尔·恰佩克与罗萨姆的万能机器人

述与机器人有关的科学，并提出了有名的"机器人三守则"：

（1）机器人必须不危害人类，也不允许眼看人将受害而袖手旁观；

（2）机器人必须绝对服从于人类，除非这种服从有害于人类；

（3）机器人必须保护自身不受伤害，除非为了保护人类或者是人类命令它做出牺牲。

这3条守则给机器人赋以新的伦理性，并使机器人概念通俗化，更易于为人类社会所接受。至今，它仍为机器人研究人员、设计制造厂家和用户提供十分有意义的指导方针。

1. 20 世纪 50 年代机器人的发展

被誉为"工业机器人之父"的约瑟夫·恩格尔伯格（Joseph Engelberger）创建了世界上第一个机器人公司——Unimation，并参与设计了第一台 Unimate（尤尼梅特）机器人（见图 1-4）。这是一台用于压铸的 5 轴机器人，其手臂的控制由一台计算机完成。它采用了分离式固体数控元件，并装有存储信息的磁鼓，能够记忆完成 180 个工作步骤。与此同时，另一家公司——AMF 也开始研制机器人，即 Versatran（Versatile Transfer）机器人。它采用液压驱动，主要用于机器之间的物料运输。该机器人的手臂可以绕底座回转，沿垂直方向升降，也可以沿半径方向伸缩。

图 1-4　第一台 Unimate 机器人

Unimate 机器人是一种球坐标型机器人，它采用了当时先进的电液伺服驱动技术和磁鼓存储技术。这种机器人不仅可以执行预先编程的任务，还可以通过示教来学习新的动作。其灵活性和多功能性使其成为当时制造业中的一项重要技术创新。Unimate 机器人的发明标志着工业机器人技术的开端，为自动化生产和工业制造迈出了重要的一步。Unimate 机器人的诞生为后来的工业机器人技术发展奠定了基础，对工业自动化产生了深远的影响。至今，工业机器人已经成为现代制造业中不可或缺的一部分，它们在装配、焊接、搬运等方面发挥着重要作用。世界上第一台工业机器人如图 1-5 所示。

图 1-5　世界上第一台工业机器人

2. 20世纪60年代和70年代机器人的发展

20世纪60年代和70年代是机器人发展较快较好的时期，这期间的各项研究发明有效地推动了机器人技术的发展和推广。

虽然，编程机器人在20世纪50年代是一种新颖而有效的制造工具，但到了20世纪60年代，利用传感器反馈大大增强机器人柔性的趋势就已经很明显了。20世纪60年代早期，H. A. 厄恩斯特于1962年介绍了带有触觉传感器的计算机控制机械手的研制情况。这种被称为MH-1的装置能"感觉"到块状材料，用此信息控制机械手把块状材料堆起来，不需要操作员帮助。这种工作是机器人在合理的非结构性环境中具有自适应特性的一例。机械手系统是6自由度 ANL Model-8 型操作机，由一台 TX-O 计算机通过接口装置进行控制。此研究项目后来成为 MAC 计划的一部分，在机械手上又增加了电视摄像机，开始进行机器感觉研究。与此同时，汤姆·威克和博奈也于1962年研制出一种装有压力传感器的手爪样机，可检测物体，并向电动机输入反馈信号，启动一种或两种抓取方式。一旦手爪接触到物体，与物体大小和质量成比例的信息就通过这些压力敏感元件传输到计算机。1963年，美国机械与铸造公司推出了 Versatran 机器人商品，同年初，还研制了多种操作机手臂，如 Roehampton 型和 Edinburgh 型手臂。

这时，其他国家（特别是日本）也开始认识到工业机器人的潜力。早在1968年，日本川崎重工业株式会社与 Unimation 公司谈判，购买了其机器人专利。1969年，机器人出现了不寻常的新发展，通用电气公司为美国陆军研制了一种试验性步行车。同年，该公司研制出了"波士顿"机械手，次年又研制出了"斯坦福"机械手，如图1-6所示。"斯坦福"机械手装有摄像机和计算机控制器。把这些机械手用作机器人的操作机，一些重大的机器人研究工作就开始了。对"斯坦福"机械手所做的一项实验是根据各种策略自动地堆放块状材料。在当时，对于自动机器人来说，这是一项非常复杂的工作。

在20世纪70年代，大量的研究工作把重点放在使用外部传感器来改善机械手的操作上。1973年，博尔斯和保罗在斯坦福使用视觉和力反馈，演示了使用与 PDP-10 计算机相连并由计算机控制的"斯坦福"机械手装配自动水泵的操作。几乎同时，IBM 公司的威尔和格罗斯曼在1975年研制了一个带有触觉和力觉传感器的由计算机控制的机械手，用于完成有20个零件的打字机机械装配工作。

1973年，德国库卡（KUKA）公司将其使用的 Unimate 机器人研发改造成其第一台产业机器人，命名为 Famulus，这是世界上第一台机电驱动的6轴机器人，如图1-7所示。

图1-6 "斯坦福"机械手

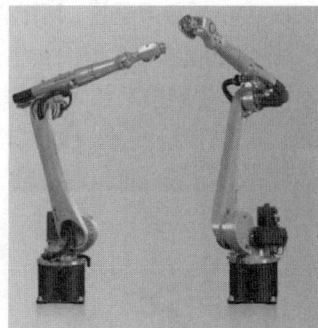

图1-7 世界上第一台机电驱动的6轴机器人

1974年，第一台由小型计算机控制的工业机器人走向市场。美国辛辛那提·米拉克龙公司的理查德·霍恩（Richard Hohn）开发出第一台由小型计算机控制的工业机器人，并将其命名为 T3，即"The Tomorrow Tool"。这是世界上第一次机器人和小型计算机的"携手合作"。同年，瑞典通用电机公司（ASEA，ABB 公司的前身）开发出世界上第一台全电力驱动、由微处理器控制的工业机

器人 IRB 6，如图 1-8 所示。IRB 6 主要应用于工件的取放
和物料的搬运，首台 IRB 6 运行于瑞典南部的一家小型机械
工程公司。IRB 6 采用仿人化设计，其手臂动作模仿人类手
臂的动作，载质量 6 kg，5 轴。IRB 6 的 S1 控制器是第一个
使用英特尔 8 位微处理器的控制器，内存容量为 16 KB。控
制器有 16 个数字 I/O 接口，通过 16 个按键编程，并具有
4 位数的 LED 显示屏。

1978 年，日本山梨大学（University of Yamanashi）的
牧野洋（Hiroshi Makino）发明了选择顺应性装配机器人手
臂（Selective Compliance Assembly Robot Arm，SCARA），

图 1-8　IRB 6 机器人

如图 1-9 所示。SCARA 具有 4 个轴和 4 个运动自由度（包括 x、y、z 轴方向的平动自由度和绕 z 轴
的转动自由度）。SCARA 系统在 x、y 轴方向上具有顺从性，而在 z 轴方向具有良好的刚度，此特性
特别适合装配工作。SCARA 的另一个特点是其串接的两杆结构类似人的手臂，可以伸进有限空间中
作业然后收回，适用于搬运和取放物件（如集成电路板等）。

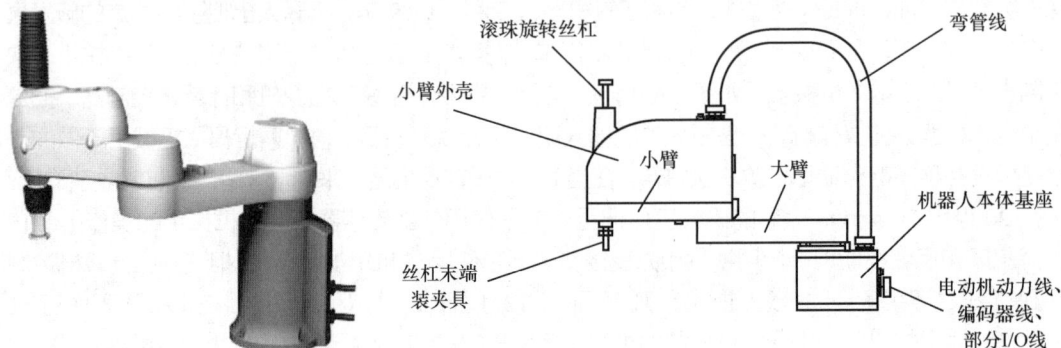

图 1-9　SCARA

1979 年，Unimation 公司推出了 PUMA 系列工业机器人，全电力驱动、关节式结构、多 CPU
二级微机控制、采用 VAL 专用语言，可配置视觉、触觉的力感受器，是一种技术较为先进的机器人，
如图 1-10 所示。整个 20 世纪 70 年代，出现了很多的机器人商品，并在工业生产中逐步推广应用。
随着计算机科学技术、控制技术和人工智能技术的发展，机器人的研究开发，无论是水平还是规模
都得到迅速发展。据国外统计，到 1980 年全世界约有 2 万余台机器人在工业中得到应用。

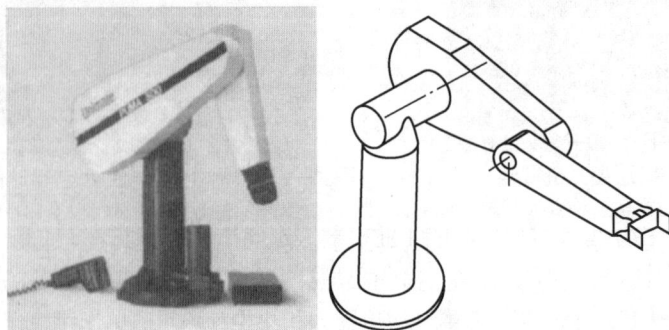

图 1-10　PUMA 系列工业机器人

3. 20 世纪 80 年代以后机器人的发展

进入 20 世纪 80 年代后，机器人生产继续保持 20 世纪 70 年代后期的发展势头。到 20 世纪 80 年代中期，机器人制造业已成为发展最快和最好的行业之一。机器人在汽车、电子等行业中大量使用，机器人的研发水平和实用规模得得到迅速发展。1985 年前后，发那科（FANUC）和 GMF 公司先后推出交流伺服驱动的工业机器人产品。

20 世纪 80 年代后期，传统机器人用户对工业机器人的应用已经饱和，造成工业机器人产品的积压，不少机器人厂家倒闭或被兼并，使国际机器人学研究和机器人产业出现不景气的情况。

20 世纪 90 年代初，机器人产业出现复苏和继续发展迹象，世界机器人数量逐年增加，增长率也较高，1998 年，丹麦乐高公司推出了机器人套件，让机器人的制造变得像搭积木一样相对简单又能任意拼装，从而使机器人开始走入个人世界。

机器人以较好的发展势头进入 21 世纪。2002 年，丹麦 iRobot 公司推出了吸尘器机器人 Roomba，它能避开障碍，自动设计行进路线，还能在电量不足时，自动驶向充电座，这是目前世界上销量非常大、商业化极其成功的家用机器人。人性化、重型化、智能化已经成为未来机器人产业的主要发展趋势。美国研制了一种名为"大狗"的新型机器人，如图 1-11 所示。与以往各种机器人不同的是，"大狗"机器人并不依靠轮子行进，而是通过其身下的 4 条"铁腿"，这种机器人具有高机动能力。

图 1-11 "大狗"机器人

"2011 年可以说是工业机器人发展 50 多年以来最成功的一年，自从第一台工业机器人安装运行至今，全世界共售出 230 多万台工业机器人，而且工业机器人将迎来更美好的未来。"2012 年 5 月 23 日，国际机器人联合会（International Federation of Robotics，IFR）主席——Shinsuke Sakakibara 博士在德国慕尼黑的自动化展上发表如上感言。

1.1.3 未来机器人的展望

在制造工业中，由于多数工业产品的使用寿命逐渐缩短，品种需求增多，产品的生产就要从传统的单一品种成批大量生产逐步向多品种小批量柔性生产过渡。由各种加工装备、机器人、物料传送装置和自动化仓库组成的柔性制造系统，以及由计算机统一调度的更大规模的集成制造系统，将逐步成为制造工业的主要生产手段。

随着工业机器人数量的快速增长和工业生产的发展，人们对机器人的工作能力也提出了更高的要求，特别是需要各种不同智能程度的机器人。这些智能机器人，有的能够模拟人类用两条腿走路，可在凹凸不平的地面上移动；有的具有视觉和触觉功能，能够进行独立操作、自动装配和产品检验；有的具有自主控制和决策能力。这些智能机器人，不仅应用了各种反馈传感器，而且应用了人工智能中各种学习、推理和决策技术。智能机器人还应用了许多最新的智能技术，如临场感技术、虚拟现实技术、多真体技术、人工神经网络技术、遗传算法和遗传编程技术、放声技术、多传感器集成和融合技术以及纳米技术等。智能机器人将是未来机器人技术发展的方向。

【技能训练】

1.1.4　机器人发展历程总结

通过对以上内容的学习，以及进一步查阅资料了解工业机器人的发展历程，按表 1-1 所示的时间顺序，总结机器人发展历程中的重要事件。

表 1-1　机器人的发展历程

时间	事件
1950 年	
1954 年	
1962 年	
1968 年	
1978 年	
1979 年	
1998 年	

1.2　工业机器人的定义及发展分析

【相关知识】

工业机器人是广泛用于工业领域的多关节机械手或多自由度的机器装置，具有一定的自动性，可依靠自身的动力能源和控制能力实现各种工业加工制造功能。

1.2.1　工业机器人的定义

工业机器人可以接受人类指挥，也可以按照预先编排的程序运行，现代的工业机器人还可以根据人工智能技术制定的原则和纲领行动。当代机器人的应用如图 1-12 所示。

图 1-12　当代机器人的应用

工业机器人是机器人家族中的重要一员，也是目前在技术上发展非常成熟、应用极多的一类机器人。世界各国对工业机器人的定义不尽相同。

美国工业机器人协会（RIA）对工业机器人的定义："工业机器人是设计用来搬运物料、部件、工具或专门装置的可重复编程的多功能操作器，并可通过改变程序的方法来完成各种不同任务。"

日本工业机器人协会（JIRA）对工业机器人的定义："工业机器人是一种装备有记忆装置和末端执行器的，能够转动并通过自动化完成各种移动来代替人类劳动的通用机器。"

德国工程师协会（VDI）对工业机器人的定义："工业机器人是具有多自由度的、能进行各种动作的自动机器，它的动作是可以顺序控制的，轴的关节角度或轨迹可以不靠机械调节，而由程序或传感器加以控制。工业机器人具有执行器、工具及制造用的辅助工具，可以完成材料搬运和制造等操作。"

国际标准化组织（ISO）对工业机器人的定义："一种能自动控制、可重复编程、多功能、多自由度的操作机，能搬运材料、工件或操持工具，来完成各种作业"。目前国际上大多数国家遵循 ISO 所下的定义。工业机器人按 ISO 8373:2021 定义为："位置可以固定或移动，能够实现自动控制、可重复编程、多功能多用处、末端执行器的位置要在 3 个或 3 个以上自由度内可编程的工业自动化设备"。这里的自由度就是指可运动或转动的轴的个数。

我国对工业机器人的定义，"科普中国"科学百科词条编写与应用工作项目中指出："工业机器人是广泛用于工业领域的多关节机械手或多自由度的机器装置，具有一定的自动性，可依靠自身的动力能源和控制能力实现各种工业加工制造功能。工业机器人被广泛应用于电子、物流、化工等各个工业领域之中。"

20 世纪 80 年代，机器人产业得到了巨大的发展，成为机器人发展的一个里程碑，1980 年也被称为"机器人元年"。为满足汽车行业蓬勃发展的需要，这个时期开发出点焊机器人、弧焊机器人、喷涂机器人以及搬运机器人这四大类型的工业机器人，其系列产品已经成熟并形成产业化规模，有力地推动了制造业的发展。为了进一步提高产品质量和市场竞争力，装配机器人及柔性装配线又相继开发成功。进入 20 世纪 80 年代以后，装配机器人和柔性装配技术得到了广泛的应用，并进入一个大发展时期。现在，工业机器人已发展成为一个庞大的家族，并与数值控制（Numerical Control，CN）、可编程控制器（Programmable Logic Controller，PLC）一起成为工业自动化的三大技术，应用于制造业的各个领域之中。

自 20 世纪 50 年代末第一代机器人在美国问世以来，工业机器人的研制和应用有了飞速的发展。工业机器人显著的特点可归纳为以下几个。

（1）可编程。生产自动化的进一步发展是柔性自动化。工业机器人可随其工作环境变化的需要而再编程，因此它在小批量、多品种、具有均衡高效率的柔性制造过程中能发挥很好的作用，是柔性制造系统（Flexible Manufacturing System，FMS）中的一个重要组成部分。

（2）拟人化。工业机器人在机械结构上有类似人的大臂、小臂、手腕、手等功能结构，在控制上有类似人脑的控制器。此外，智能化工业机器人还有许多类似人类的"生物传感器"，如皮肤型触觉传感器、力传感器、负载传感器、视觉传感器、声觉传感器、语言功能等。传感器提高了工业机器人对周围环境的自适应能力。

（3）通用性。除了专门设计的专用工业机器人外，一般工业机器人在执行不同的作业任务时具有较好的通用性。比如，更换工业机器人手部（手爪、工具等）便可使之执行不同的作业任务。

（4）机电一体化。工业机器人技术涉及的学科相当广泛，但是归纳起来是机械学和微电子学的结合，即机电一体化技术。第三代智能机器人不仅具有获取外部环境信息的各种传感器，还具有记忆能力、语言理解能力、图像识别能力、推理判断能力等人工智能能力，这些都和微电子技术的应用，特别是计算机技术的应用密切相关。因此，机器人技术的发展必将带动其他技术的发展，机器人技术的发展和应用水平也可以验证一个国家科学技术和工业技术的发展水平。

1.2.2　工业机器人行业发展分析

中国是制造业大国，多项政策的推出对工业机器人行业的发展起到推动、规划作用，供应链的发展逐步进入快车道，工业机器人依托的数字技术、人工智能、虚拟现实和三维图形技术均被写入各项规划中，为工业机器人行业的发展奠定了坚实的基础。我国工业机器人市场仍处于供不应求的阶段，企业通过提高生产水平来提高产能是现阶段的发展重点。

微课：工业机器人行业发展分析

工业机器人的范围不断扩大。从能够快速、精确处理所有有效载荷的传统笼式机器人，到可以与人类安全地工作并完全集成到工作台中的新型协作机器人，不得不说，世界科技正在飞速发展。随着工业机器人向更深、更广方向的发展以及机器人智能化水平的提高，机器人的应用范围还在不断地扩大，已从汽车制造业推广到电子、电器等其他制造业，进而推广到诸如采矿业、建筑业以及水电系统维护维修等各种非制造行业。机器人正在为提高人类的生活质量发挥着重要的作用。

1.2.3　工业机器人发展的障碍

（1）核心技术与算法的缺乏。控制器是工业机器人的大脑，负责控制和协调机器人的动作，伺服电机和驱动器用于精确控制机器人的速度和位置。核心技术与算法上的缺失限制了对机器人的精细控制和智能化水平，导致机器人性能不稳定，故障率较高。

（2）自主创新能力还需加强。缺乏自主研发的核心技术意味着创新能力受限，无法快速响应市场需求变化或开发出具有独特优势的产品。

未来，在工业机器人领域需要开发更强大的深度学习和强化学习算法，使机器人能够自我学习，从经验中改进行为，以适应各种复杂的工业环境和任务，朝着更加智能、自主和安全的方向发展，从而在工业自动化、物流、制造和服务等多个领域发挥更大的作用。

【技能训练】

1.2.4 不同国家对工业机器人的定义

在表 1-2 中写出不同国家对工业机器人的定义。

表 1-2 工业机器人的定义

国家	工业机器人的定义
美国	
日本	
德国	
中国	

1.2.5 认识工业机器人四大品牌

在下面所列品牌中，找出工业机器人的四大品牌，填写在表 1-3 中并分析其特点。
日本发那科、瑞士 ABB、日本安川、德国库卡、日本松下、瑞士史陶比尔。

表 1-3 工业机器人的特点

工业机器人四大品牌	特点

1.3 工业机器人的分类

微课：工业机器人的分类

【相关知识】

关于工业机器人的分类，国际上没有制定统一的标准，可按运动形式、驱动方式、负载质量、

自由度、应用领域等划分。其中，按照工业机器人臂部的运动形式以及按照工业机器人的驱动方式分类，应用最为广泛。

1.3.1 按工业机器人臂部的运动形式分类

工业机器人按臂部的运动形式可分为直角坐标型、圆柱坐标型、球坐标型、关节型、串联型、并联型以及混联型等类型。

1. 直角坐标型工业机器人

工业机器人臂部空间的位置变化是通过沿着 3 个相互垂直的轴线移动来实现的，常用于生产设备的上下料和高精度的装配以及检测作业。一般直角坐标型工业机器人的臂部可以垂直上下移动（z 方向），并可以沿着滑架和横梁上的导轨进行水平二维平面的移动（x、y 方向）。显然直角坐标型工业机器人的臂部有 3 个移动关节，即 3 个自由度。

直角坐标型工业机器人具有结构简单，编程容易，在 x、y、z 3 个方向的运动没有耦合，便于控制系统的设计，直线运动速度快，定位精度高，避障性能较好的优点。但直角坐标型工业机器人的工作范围小，灵活性较差；导轨结构较复杂，维护比较困难，导轨暴露面大，不如转动关节密封性好；结构尺寸较大，占地面积较大；移动部分惯量较大，增加了对驱动性能的要求。直角坐标型工业机器人如图 1-13 所示。

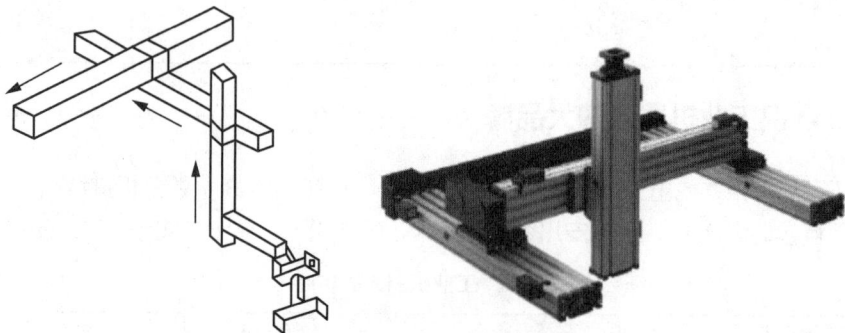

图 1-13　直角坐标型工业机器人

2. 圆柱坐标型工业机器人

圆柱坐标型工业机器人的臂部有 2 个移动关节和 1 个转动关节，末端执行器的安装轴线的位姿由 (z,r,θ) 坐标表示，其主体具有 3 个自由度：腰部转动、升降运动、手臂伸缩运动。

圆柱坐标型工业机器人控制精度较高、控制较简单、结构紧凑；对比直角坐标型工业机器人，可以在垂直和径向两个方向往复运动；采用伸缩套筒式结构，在腰部转动时可以把手臂缩回，从而减少转动惯量及力学负载；空间尺寸较小，工作范围较大，末端执行器可获得较高的运动速度。但由于机身结构的原因，手臂不能到达底部，末端执行器离 z 轴越远，增大了机器人的工作范围，其切向线位移的控制精度就越低。圆柱坐标型工业机器人如图 1-14 所示。

3. 球坐标型工业机器人

球坐标型工业机器人的臂部有 2 个转动关节和 1 个移动关节，末端执行器的安装轴线的位姿由 (θ,φ,r) 坐标表示。机械手臂能够里外伸缩移动，在垂直平面内摆动以及绕底座在水平面内移动。

球坐标型工业机器人与圆柱坐标型工业机器人相比，在占据同样空间的情况下，其工作范围扩大了，还能将臂部伸向地面，完成从地面提取工件的任务。但运动直观性差，结构较为复杂，臂端的位置误差会随臂的伸长而增大。球坐标型工业机器人如图 1-15 所示。

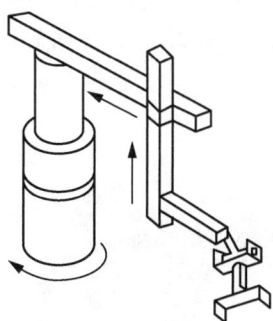

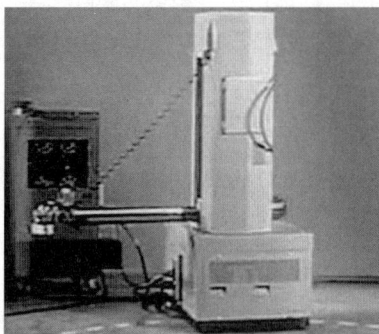

图 1-14　圆柱坐标型工业机器人

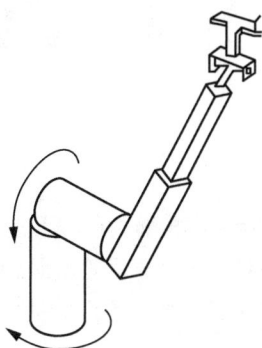

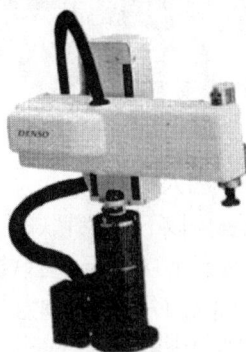

图 1-15　球坐标型工业机器人

4. 关节型工业机器人

关节型工业机器人的臂部主要由底座、大臂和小臂组成。大臂和小臂间的转动关节称为肘关节，大臂和底座间的转动关节称为肩关节，底座可以绕垂直轴线转动，称为腰关节。

关节型工业机器人具有结构紧凑、占地面积小、灵活性好、手部到达位置精准、避障性能较好、没有移动关节、关节密封性能好、摩擦小、惯量小、关节驱动力小、能耗较低等优点。但它在运动过程中存在平衡问题，控制存在耦合；当大臂和小臂舒展开时，机器人结构刚度不高。关节型工业机器人如图 1-16 所示。

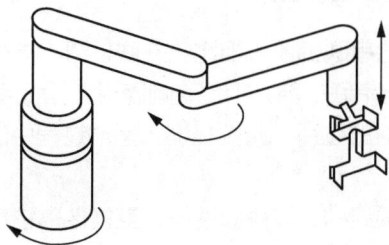

图 1-16　关节型工业机器人

5. 串联型工业机器人

串联型工业机器人（以下简称串联机器人）是一个开放的运动链，如图 1-17 所示，其所有运动杆并没有形成封闭的结构链。串联机器人的工作空间大，运动分析比较容易，可以避免产生驱动轴之间的耦合效应。但各轴必须要独立控制，并且需要搭配编码器和传感器来提高机构运动时的精度。串联机器人研究较为成熟，具有结构简单、成本低、控制简单、运动空间大等优点，已成功应用于诸多场合，如各种机床、装配车间等。

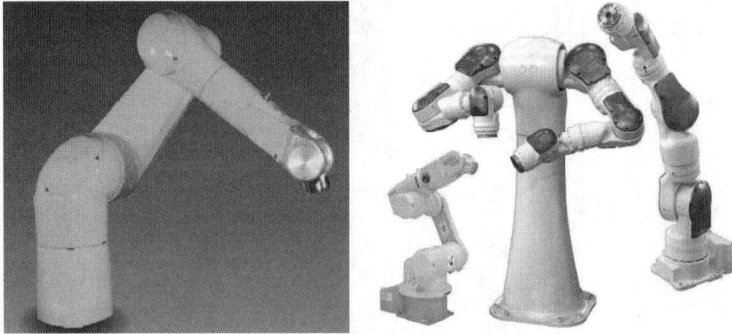

图 1-17 串联型工业机器人

6. 并联型工业机器人

并联型工业机器人（以下简称并联机器人）和传统工业用串联机器人在应用上构成互补关系，它是一个封闭的运动链，如图 1-18 所示。并联机器人不易产生动态误差，无误差积累，精度较高。另外，其结构紧凑稳定，输出轴大部分承受轴向力，机器刚度高，承载能力强。但是，并联机器人在位置求解上正解比较困难，而反解较容易。

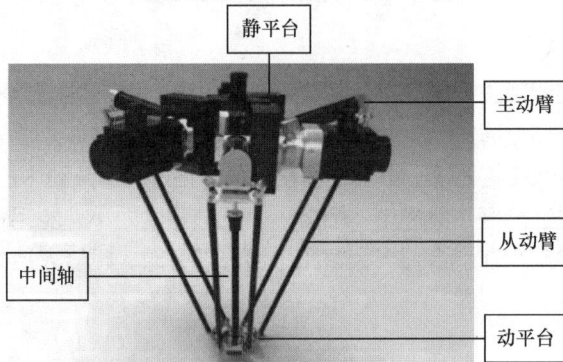

图 1-18 并联型工业机器人

并联机器人和串联机器人各有优缺点，与传统的串联机器人相比，并联机器人具有以下特点。

（1）并联机器人的末端同时由多根连杆支承，与串联机器人相比，刚度更大，而且结构更稳定。

（2）并联机器人的驱动装置可以安放在靠近机架的位置，避免机器人运动过程中的位置干涉，减小系统的惯量，提升动力性能。

（3）并联机器人在设计过程中经常采用对称式的结构，其协同性好，互换性也较高。

（4）串联机器人末端上存在的误差是各个关节误差的累积，所以误差大、精度低，而并联机器人则没有串联机器人那样的误差累积放大关系，所以误差小、精度高。

（5）并联机器人的动力学特性较好，甚至在增大尺寸的条件下仍能保持较好的动力学特性。

（6）在位置求解上，串联机器人的运动学正解较容易，但反解较困难，而并联机器人的正解较困难，反解较容易。

在实际生活中，常见的并联机器人为 3 自由度并联机器人和 6 自由度并联机器人，其中 3 自由度并联机器人的并联机构种类较多，形式较复杂，一般有以下形式。

平面 3 自由度并联机构，如 3-RRR 机构，它具有 2 个移动机构和一个转动机构；球面 3 自由度并联机构，如 3-UPS-1-S 球面机构，该类机构的运动学正、反解都相对较简单，是一种应用很广泛的三维移动空间机构。3 自由度并联机器人如图 1-19 所示。

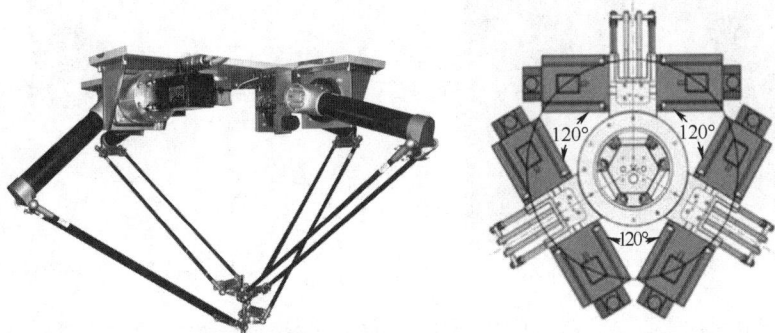

图 1-19　3 自由度并联机器人

6 自由度并联机构是国内外学者研究得最多的并联机构，广泛应用在飞行模拟器、6 维力与力矩传感器和并联机床等领域。但这类机构有很多关键性技术问题没有得到解决或没有完全得到解决，比如运动学正解、动力学模型的建立以及并联机床的精度标定等。6 自由度并联机器人如图 1-20 所示。

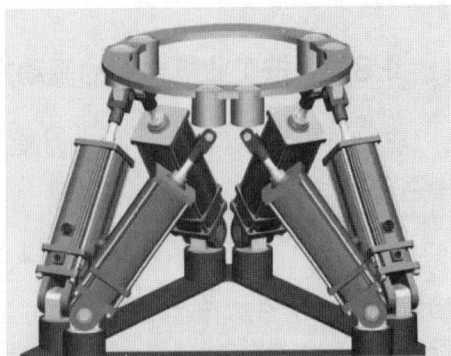

图 1-20　6 自由度并联机器人

7. 混联型工业机器人

混联型工业机器人（以下简称混联机器人）采用新型机构，是以并联机构为基础，在并联机构中嵌入具有多个自由度的串联机构构成的一个复杂的混联系统，其结构设计复杂，属于对并联机构的补偿和优化。混联机器人具有并联机器人刚度大、承载能力强、速度高、精度高的特点，又具有串联机器人运动空间大、控制简单、操作灵活的特性，多用于高速度和高精度的场合。除在应用工艺上常用于食品、医药、3C（3C 是指结合计算机、通信和消费性电子三大科技产品整合应用的资讯家电产业）、日化、物流等行业中的理料、分拣、转运外，它还凭借多角度拾取优势扩大了工业机器人的应用范围。

混联机器人有 3P-2R 和 3P-3R 两种常见的组成结构，拥有混联机器人的企业并不多见。

（1）混联 5 轴机器人由 3P-2R 结构组成，即 3 自由度的并联机构与 2 自由度的串联机构，将并联机构的处理快速、精度高与串联末端拾取位姿灵活的特点相结合，可实现将平行放置的物料沿平行方向 x 轴±360°及沿竖直方向 y 轴±90°翻转放置的操作。该类机器人一次作业只对上半曲面进行拾取，故而 5 自由度可以满足灵活作业要求。混联型工业机器人如图 1-21 所示。

（2）混联 6 轴机器人由 3P-3R 结构组成，即 3 自由度的并联机构与 3 自由度的串联机构，实现了更大空间的运行，在保持了原有并联机构的特点之外，增加了拾取物品位姿随机、末端摆放自由灵活、理料与分拣双工艺结合的特点。运用 3D 相机完成立体物料的视觉信息捕捉后，机器人可根据物料在三维空间内的位置与角度进行判断，解决了以往机器人只能进行平面抓取的弊端，实现对堆叠来料的快速理料，同时也开拓了对不规则、不平整来料进行涂胶、注塑等新工艺，丰富了应用场景。混联 6 轴机器人如图 1-22 所示。

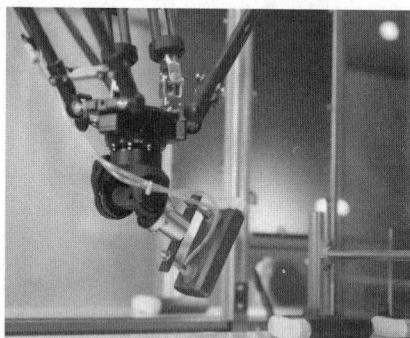

图 1-21　混联型工业机器人

图 1-22　混联 6 轴机器人

混联机器人的出现为工业机器人应用拓宽了场景，能更加有效地结合市场需求，满足客户个性化定制需要，建立行之有效的自动化解决方案，帮助我国制造业提升企业的核心竞争力和盈利能力，加快企业转型升级。

1.3.2　按工业机器人的驱动方式分类

工业机器人的驱动方式，按动力源的不同分为气动、液压和电动三大类。根据需要可由这 3 种基本类型组合成复合式的驱动系统。

1. 气动式工业机器人

气动式工业机器人在一些特定的工业场景中具有广泛应用，特别是在一些易燃易爆的环境中，因为它们不会产生火花。此外，气动式工业机器人还常用于一些需要高速、短程运动的应用，如装配线上的零件传送和组装等。然而，气动式工业机器人也存在一些局限性，比如在需要高扭矩、高精度和长程运动方面的应用相对有限。另外，气动系统的能效较低，使用气动式工业机器人可能会导致能源浪费。随着技术的发展，一些新的气动元件和控制技术的出现，有望改善气动式工业机器人的性能和应用范围。气动式工业机器人如图 1-23 所示。

2. 液压式工业机器人

液压式工业机器人是一种利用液压系统作为其主要驱动力的自动化设备，常见于汽车制造业、重型机械加工以及需要高强度操作的场合。此外，在一些特定的工业领域有着广泛的应用，如金属加工、建筑工程、冶金等，可以帮助提高生产效率、降低人力成本，并在一些特殊环境下取代人工操作，提高工作安全性和效率。随着技术的不断进步，液压式工业机器人的应用范围和性能也在不断提升。液压式工业机器人如图 1-24 所示。

3. 电动式工业机器人

电动式工业机器人因其高效、精准和环保的特点，在现代工业自动化中占据了主导地位，拥有先进的控制系统，可以进行复杂的路径规划、速度控制和力控制，实现高度灵活和精确的动作。为了增加扭矩和减小速度，电动机通常会连接到精密的齿轮减速器，如行星齿轮减速器或谐波齿轮减速器。编码器用于监测电动机的旋转角度和速度，从而实现闭环控制，确保机器人运动的精度。控制软件允许用户编程和调试机器人的动作，通常支持多种编程语言和接口标准，便于与生产线上的其他设备集成。电动式工业机器人如图 1-25 所示。

图 1-23　气动式工业机器人

图 1-24　液压式工业机器人

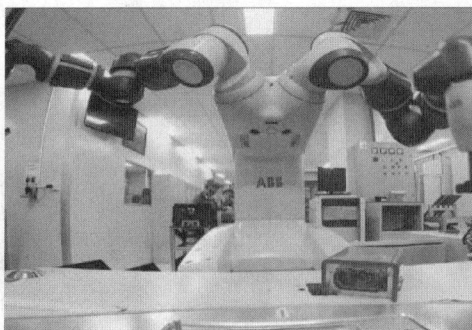

图 1-25　电动式工业机器人

【技能训练】

1.3.3　工业机器人分类分析

请把下列工业机器人按不同分类方式归类，并填入表 1-4 中。

直角坐标型工业机器人、圆柱坐标型工业机器人、球坐标型工业机器人、关节型工业机器人、串联型工业机器人和并联型工业机器人、气动式工业机器人、液压式工业机器人、电动式工业机器人。

表 1-4　工业机器人种类

工业机器人分类方法	工业机器人类型
按臂部运动形式	
按驱动方式	

1.4 工业机器人的应用领域

【相关知识】

历史上出现的第一台工业机器人，用于通用汽车的材料处理工作，随着机器人技术的不断进步与发展，工业机器人可以做的工作也变得多样化起来，如喷涂、码垛、搬运、加工、冲压、上下料、包装、焊接、装配等。

1.4.1 机器人搬运应用

目前搬运仍然是机器人的第一大应用领域，占机器人应用整体的 40% 左右。许多自动化生产线需要使用机器人进行上下料、搬运以及码垛等操作。如图 1-26 所示，机器人在搬运模具。近年来，随着协作机器人的兴起，搬运机器人的市场份额一直呈增长态势。

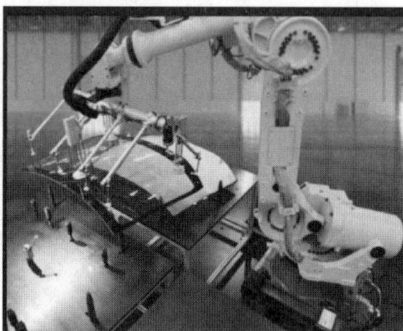

图 1-26　机器人在搬运模具

1.4.2 机器人机械加工应用

机械加工机器人主要从事的应用领域包括零件铸造、激光切割以及水射流切割，由于市面上有许多自动化设备可以胜任机械加工的任务，因此这类机器人的应用量并不高。如图 1-27 所示，机器人在切割板材。

图 1-27　机器人在切割板材

1.4.3 机器人喷涂应用

机器人喷涂主要指的是涂装、点胶、喷漆等工作，其应用领域包括汽车行业喷涂、家具行业绘画、一般工业喷涂。汽车行业凭借其产量大、节奏快、喷涂表面要求高等特点，成为喷涂机器人应用最广泛的行业，如图 1-28 所示。自动喷漆输送系统、机器人喷漆/烘干设备等的应用，提高了喷漆产品合格率，减少了人工成本。随着人们对绿色生活的追求，木器家具广泛使用水性涂料，形状较规则的桌板、门板已广泛采用水性漆自动喷涂，而对于形状不规则的桌腿等工件，喷涂机器人得到了一定程度的应用。陶瓷卫浴产品表面釉料已广泛采用机器人喷涂；亚克力卫浴产品表面玻璃纤维增强树脂材料也有一些企业在研究采用机器人喷涂。机械制造、航空航天、特种装备等工业领域，其工件形状复杂、尺寸多变、同种工件数量少，喷涂机器人的应用比较广泛。随着玻璃纤维增强塑料复合材料在卫浴、汽车、航空航天、游艇等方面的广泛应用，喷涂机器人将会发挥更大的作用。

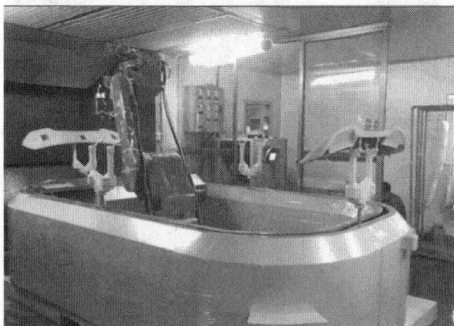

图 1-28　喷涂机器人在汽车行业的应用

1.4.4 机器人装配应用

装配机器人主要从事零部件的安装、拆卸以及修复等工作，近年来机器人传感器技术的飞速发展，机器人应用越来越多样化，直接导致装配机器人应用比例的下滑。装配机器人在电子行业的应用包括表面贴装、线路板组装、检测和测试等，如图 1-29 所示。

图 1-29　装配机器人在电子行业的应用

1.4.5 机器人焊接应用

机器人焊接应用主要包括在汽车行业中使用的点焊和弧焊，虽然点焊机器人比弧焊机器人更受欢迎，但是弧焊机器人近年来发展势头十分迅猛。许多加工车间都逐步引入焊接机器人（见图1-30），用来实现焊接作业自动化。

图1-30 焊接机器人

【技能训练】

1.4.6 不同应用领域机器人的结构特点

把下面不同应用领域的工业机器人的结构特点填写到表1-5中。

工业机器人从事的应用领域包括零件铸造、激光切割以及水射流切割；涂装、点胶、喷漆；零部件的安装、拆卸以及修复；点焊和弧焊；上下料、搬运以及码垛。

表1-5 工业机器人结构特点

工业机器人应用领域	结构特点
机器人机械加工应用	
机器人喷涂应用	
机器人装配应用	
机器人焊接应用	
机器人搬运应用	

【模块小结】

通过对本模块的学习，同学们能够首先从早期机器人、近代机器人、未来机器人 3 个方面了解工业机器人的发展历史和发展方向，培养历史使命感；接着充分了解工业机器人的定义和发展趋势，对工业机器人有一定的认识；最后掌握工业机器人按臂部的运动形式、驱动方式的分类方法，了解工业机器人的应用领域，激发学习工业机器人相关知识的兴趣。

【巩固练习】

一、填空题

1. 世界上第一台工业机器人的名字是_____。
2. 世界上第一台工业机器人是_____公司开发的。
3. 按照驱动方式分类，工业机器人可分为_____类。
4. 按照臂部的运动形式分类，工业机器人可分为_____类。
5. 工业机器人的四大品牌是_____。

二、简答题

1. 简述工业机器人的主要应用场景。
2. 简述工业机器人的发展历史。
3. 简述工业机器人的应用领域，并举例说明。
4. 简述不同国家对工业机器人的定义。
5. 说明工业机器人的发展障碍。

模块2
工业机器人的结构

02

【学习导读】

工业机器人是集机械、电子、控制、计算机、传感器、人工智能等多学科先进技术于一体的现代制造业重要的自动化装备。工业机器人的结构参数对机器人起着非常重要的作用，反映了它可以胜任的工作、具有的最高操作性能等情况，是设计、应用机器人时必须考虑的问题。工业机器人结构主要包括执行机构、驱动系统、控制系统、传感系统等，执行机构是工业机器人的本体结构；驱动系统是将能源传送到执行机构的装置；控制系统是根据机器人的作业指令以及从传感器反馈回来的信号，支配执行机构去完成规定的运动和功能的结构；传感系统是一种包含多个传感器和处理单元的综合性系统，可以对环境信息进行感知、采集、处理和传输等多项任务。与计算机、网络技术类似，工业机器人的广泛应用正在日益改变人类的生产和生活方式，了解工业机器人的组成部分、结构以及技术参数就显得尤为重要。

【学习目标】

知识目标
- 了解工业机器人的系统组成；
- 掌握工业机器人的机械结构。

能力目标
- 熟练掌握工业机器人的组成部分及其作用；
- 能够掌握工业机器人执行机构的工作原理。

素养目标
- 培养学生深入思考的能力；
- 在学习过程中提高学生的思维能力，使学生感受学习的快乐；
- 认识掌握工业机器人相关技能的重要性，提升学生的劳动精神和工匠精神。

【思维导图】

```
                          ┌─ 执行机构
                          ├─ 驱动系统
          ┌─ 工业机器人的基本组成 ─┼─ 控制系统
          │               ├─ 传感系统
工业机器人的结构 ─┤               └─ 认识工业机器人各组成部分
          │               ┌─ 工业机器人的手部
          │               ├─ 工业机器人的腕部
          └─ 工业机器人的执行机构 ─┼─ 工业机器人的臂部
                          ├─ 工业机器人的腰部
                          └─ 总结工业机器人结构参数
```

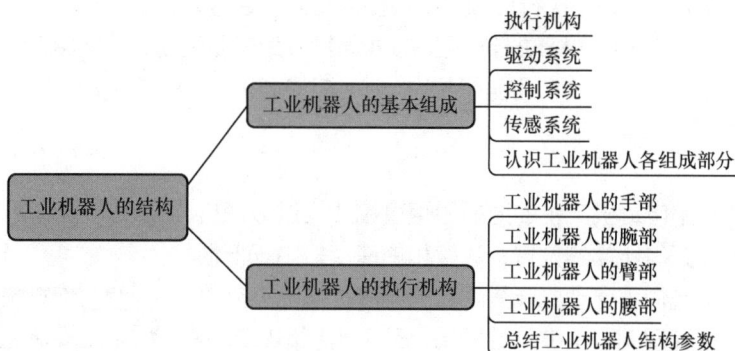

2.1 工业机器人的基本组成

【相关知识】

工业机器人通常由执行机构、驱动系统、控制系统和传感系统 4 部分组成。

2.1.1 执行机构

执行机构是机器人赖以完成工作任务的实体部分，通常由一系列连杆、关节或其他形式的运动副组成，也可以理解为工业机器人的机械结构部分。从功能的角度分析，工业机器人的执行机构由手部、腕部、臂部、腰部等组成，如图 2-1 所示。

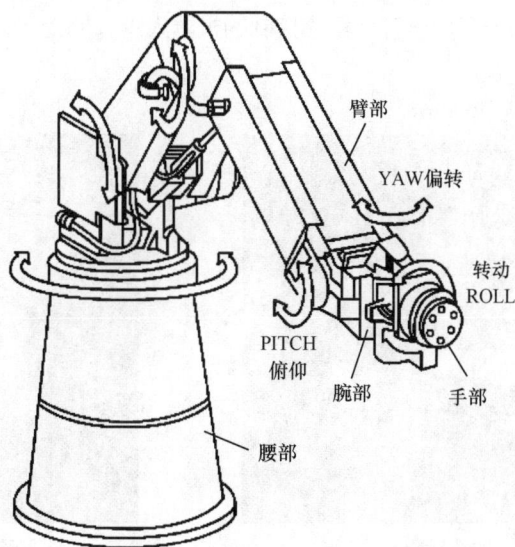

图 2-1　工业机器人的执行机构

2.1.2　驱动系统

工业机器人的驱动系统是向执行机构各部件提供动力的装置，包括驱动器和传动机构两部分，它们通常与执行机构连成一体。驱动器的驱动方式通常分为电力驱动、液压驱动、气动驱动以及把它们结合起来应用的综合驱动。常用的传动机构有谐波传动机构、螺旋传动机构、链传动机构、带传动机构以及各种齿轮传动机构等。

1. 电力驱动

电力驱动是指利用电动机产生的力或力矩直接或经过减速机构来驱动机器人，以获得所需的位置、速度和加速度。由于低惯量，大转矩，交、直流伺服电动机及其配套的伺服驱动器（交流变频器、直流脉冲宽度调制器）被广泛采用，且不需能量转换，使用方便，控制灵活，这类驱动系统在机器人中被大量选用。电力驱动系统的缺点是大多数电动机后面需安装精密的传动机构，直流有刷电动机不能直接用于防爆的环境中，成本也比气动驱动系统和液压驱动系统高。但因这类驱动系统优点比较突出，在机器人控制中比较常见。机器人的电力驱动如图 2-2 所示。

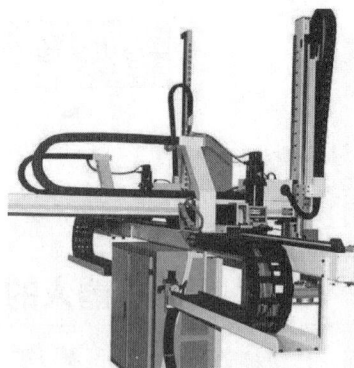

图 2-2　机器人的电力驱动

2. 液压驱动

由于液压驱动系统需进行能量转换（电能转换成液压能），速度控制多数情况下采用节流调速，因此效率比电力驱动系统低。液压驱动系统的液体泄漏会对环境产生污染，工作噪声也较大。因这些弱点，近年来，在负荷为 100 kg 以下的机器人中液压驱动系统往往被电力驱动系统所取代。机器人的液压驱动如图 2-3 所示。

3. 气动驱动

气动驱动系统通常由气缸、气阀、气罐和空压机等组成，以压缩空气来驱动执行机构进行工作，具有速度快、系统结构简单、维修方便、价格低等特点，适用于中、小负荷的机器人中。但因难以实现伺服控制，气动驱动系统多用于开环程序控制的机器人中，如上下料机器人和冲压机器人。机器人的气动驱动如图 2-4 所示。

图 2-3　机器人的液压驱动

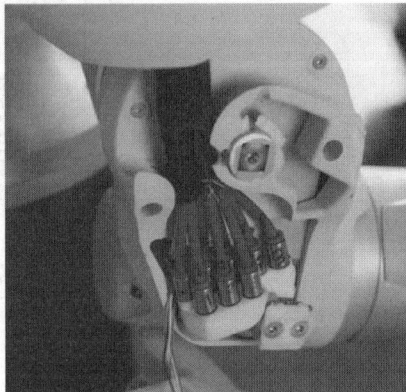

图 2-4　机器人的气动驱动

2.1.3 控制系统

工业机器人控制系统是自动化生产的神经中枢，由控制计算机、示教器、驱动系统（虽然从整个机器人的角度看它是独立的一环，但在控制系统中，驱动系统也被视为执行控制指令的部分，即接收控制信号并驱动执行机构运动）、传感系统（在工业机器人架构中单独列出，但在控制系统中，它被视作提供反馈信息的组件，帮助控制系统实时调整机器人的行为）及外围设备接口构成。控制计算机处理逻辑，示教盒用于编程与监控；驱动系统将信号转化为运动，感知系统监测状态与环境。控制系统通过软件系统协调，实现记忆、示教再现、路径规划等功能，确保机器人高效、准确地执行任务，与生产环境无缝对接。这一系统的核心作用在于精准控制与实时调整，支撑着现代制造业的自动化流程。工业机器人的控制原理如图 2-5 所示。

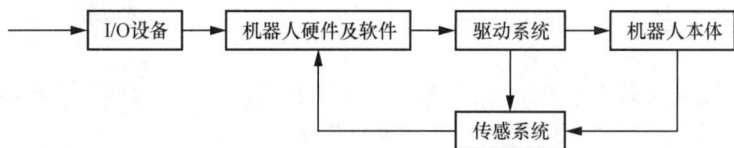

图 2-5　工业机器人的控制原理

机器人控制器是机器人控制系统的核心，对机器人的性能起着决定性的影响，主要控制机器人在工作空间中的运动位置、姿态和轨迹、操作顺序及动作的时间等。机器人的控制器主要包括两个部分，控制柜和示教器，其中控制柜包含多个 PLC 控制模块，用于控制机器人的运动；示教器则用于编程和发送控制命令给控制柜，以控制机器人运动。

1. 机器人的控制柜

机器人的控制柜（见图 2-6）一般由主电源、计算机供电单元、计算机控制模块、输入和输出板（I/O 板）、用户连接端口、示教器接线端口、各轴计算机板、各轴伺服电动机的驱动单元等组成。机器人的控制柜内的标准硬件主要有控制模块和驱动模块。控制模块主要包含控制操纵器动作的主要计算机，包括 RAPID 程序的执行和信号处理模块。驱动模块包含电子设备的模块，可为操纵器的电动机供电，驱动模块最多可以包含 9 个驱动单元，每个驱动单元控制一个操纵器关节，标准工业机器人有 6 个轴，即 6 个关节，因此工业机器人的操纵器通常使用一个驱动模块。

图 2-6　机器人的控制柜

2. 机器人的示教器

示教器又叫示教编程器，是机器人控制系统的核心部件，是进行机器人的手动操纵、程序编写、参数配置以及监控用的手持装置，主要由触摸屏、控制杆、专用的硬件按键和紧急停止开关等组成，如图 2-7（a）所示。示教器是用来注册和存储机械运动或处理记忆的设备，由电子系统或计算机系统组成，控制者在操作时只需要手持示教器，通过按键将信号传送到控制柜的存储器中，就能实现对机器人的控制。示教器的操作面板由各种操作按键、状态指示灯构成，只完成基本功能操作，如图 2-7（b）所示。

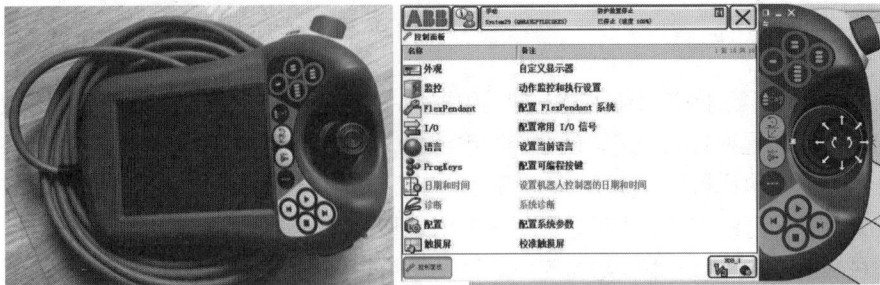

（a）示教器的整体结构 （b）示教器的控制面板

图 2-7 机器人的示教器

2.1.4 传感系统

传感系统是机器人的重要组成部分，机器人的传感系统包括视觉系统、听觉系统、触觉系统、嗅觉系统以及味觉系统等。这些传感系统由一些对图像、声音、压力、气味、味道敏感的交换器（即传感器）组成。不同种类的压力传感器如图 2-8（a）所示。按其采集信息的位置，传感器一般可分为内部和外部两类，其中内部传感器是机器人完成运动控制所必需的传感器，如位置传感器、速度传感器等，用于采集机器人内部信息，是构成机器人的不可缺少的基本元件。传统的工业机器人仅采用内部传感器，用于对机器人运动、位置及姿态进行精确控制。外部传感器主要让机器人对外部环境具有一定程度的适应能力，从而表现出一定程度的智能性。传感器将接收到的信息传送到运动控制器，从而控制工业机器人运动，如图 2-8（b）所示。

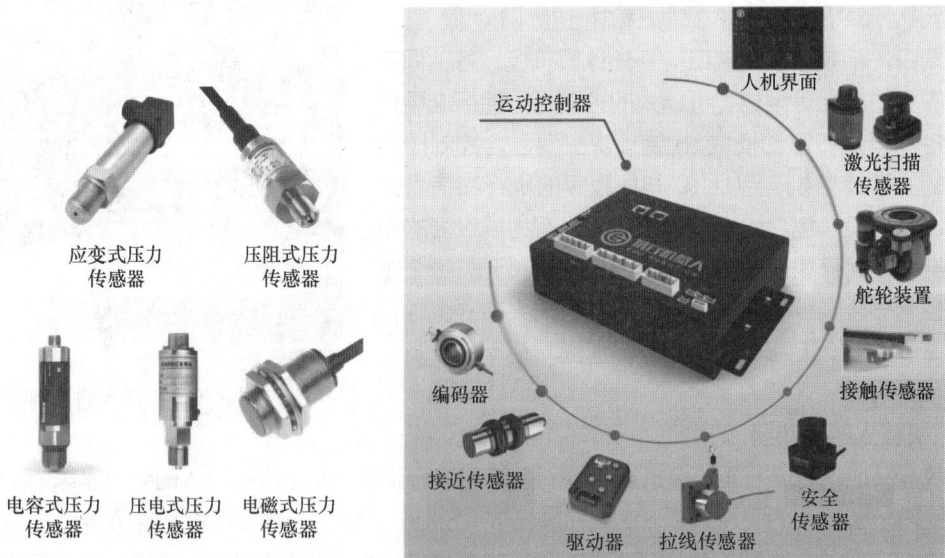

（a）不同种类的压力传感器

（b）传感器与运动控制器的关系

图 2-8 机器人的传感系统

【技能训练】

2.1.5 认识工业机器人各组成部分

请把下列名称填写到表 2-1 中的相应位置。

手部；腕部；臂部；腰部；气动驱动；液压驱动；电力驱动；示教器；操作面板；显示屏；力觉传感器；触觉传感器；接近觉传感器；视觉传感器。

表 2-1 工业机器人组成部分

基本组成	名称
执行机构	
驱动系统	
控制系统	
传感系统	

2.2 工业机器人的执行机构

【相关知识】

工业机器人的执行机构主要包括手部、腕部、臂部、腰部等。

2.2.1 工业机器人的手部

工业机器人的手部属于末端执行器，是装在工业机器人腕部上直接抓握工件或执行作业任务的部件，也是决定完成作业好坏、作业柔性优劣的关键部件之一。机器人手部能根据计算机发出的命令执行相应的动作，是执行命令的机构，具有识别的功能。为了使机器人手部具有触觉，可在手掌和手指上装上带有弹性触点的元件，如想使其感知冷暖可装上热敏元件。在各关节的连接轴上装有精巧的电位器，可将手指的弯曲角度转换成"外形弯曲信息"，把外形弯曲信息和各关节产生的接触信息一起送入计算机，通过计算就能迅速判断机械手所抓物体的形状和大小。

1. 工业机器人手部的基本特征

工业机器人的手部具有四大基本特征。

（1）手部与腕部相连处可拆卸。手部与腕部有机械接口，当机器人作业对象不同时，可以方便地拆卸和更换手部。

（2）手部是工业机器人的末端执行器。它可以像人手那样具有手指，也可以是不具备手指的手；可以是类人的手爪，也可以是进行专业作业的工具，如装在机器人腕部的喷漆枪、焊接工具等。具有复杂感知能力的智能化手爪的出现，增加了工业机器人作业的灵活性和可靠性。

（3）手部的通用性比较差。工业机器人手部通常是专用的装置，比如一种手爪往往只能抓握一种或几种在形状、尺寸、质量等方面相近的工件，一种工具只能执行一种作业任务。

（4）手部是一个独立的部件。假如把腕部归属于臂部，那么工业机器人机械系统的三大件就是手部、臂部和腰部。

2．工业机器人手部设计问题

（1）考虑被抓握对象的几何参数和机械特性。几何参数包括工件尺寸、可能给予抓握表面的数目、可能给予抓握表面的位置和方向、夹持表面之间的距离、夹持表面的几何形状。机械特性包括质量、材料、固有稳定性、表面质量和品质、表面状态、工件温度。

（2）考虑手部和机器人匹配情况。手部一般用法兰式机械接口与腕部相连接，手部自身质量也增加了机械臂的负载。接口匹配时手部可以更换，即手部形式可以不同，但是与腕部的机械接口必须相同。手部自身质量不能太大，机器人能抓取工件的质量是机器人的承载能力减去手部自身质量。手部自身质量要与机器人承载能力相匹配。

（3）考虑环境条件。作业区域内的环境状况很重要，比如高温、水、油等不同环境会影响手部的工作。一个锻压机械手要从高温炉内取出红热的锻件坯料就必须保证手部的开合、驱动在高温环境中均能正常工作。

（4）磁力吸盘要求工件表面清洁、平整、干燥，以保证能可靠地吸附。磁力吸盘的计算主要是电磁吸盘中电磁铁吸力的计算以及铁心截面积、线圈导线直径和线圈匝数等参数的计算。要根据实际应用环境选择工作情况系数和安全系数。

3．工业机器人手部的类型

由于被握工件的形状、尺寸、质量、材质等不同，工业机器人的末端执行器也是多种多样的，大致可以分为以下几类：夹钳式取料手、吸附式取料手、仿生多指灵巧手、专用操作器及换接器等。

（1）夹钳式取料手

夹钳式取料手与人手相似，是工业机器人广为应用的一种手部形式。夹钳式取料手由手指、驱动装置、传动机构及支架组成，通过手指的开与合实现对物体的松开与夹持，如图2-9所示。

手指是直接与工件接触的部件。手部松开和夹紧工件是通过手指的张开与闭合来实现的。机器人的手部一般有两个或多个手指，其结构形式常取决于被夹持工件的形状和特性。

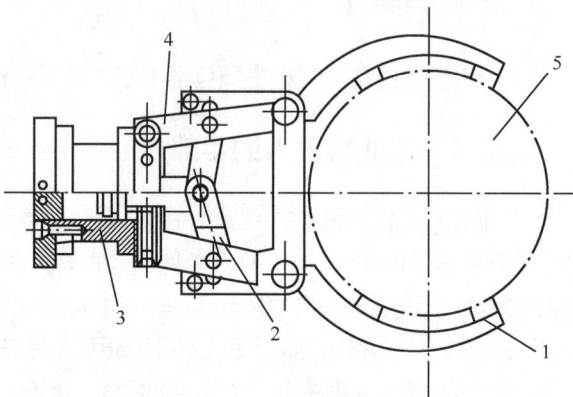

图2-9　夹钳式取料手

1—手指；2—传动机构；3—驱动装置；4—支架；5—工件

指端的形状有平面指、V形指、尖指、长指、薄指、特形指等，如图2-10和图2-11所示。图2-11所示的3种V形指端用于夹持圆柱形工件。平面指一般用于夹持方形工件（具有两个平行平面）、板料或细小棒料。尖指一般用于夹持小型或柔性工件，长指一般用于夹持炽热的工件，以免热辐射对手部传动机构的影响。薄指一般用于夹持位于狭窄工作场地的细小工件，以避免和周围障碍物相碰。

指面的类型有光滑指面、齿形指面和柔性指面等。光滑指面平整光滑，可用来夹持已加工表面，避免已加工表面受损。齿形指面刻有齿纹，可增加夹持工件时的摩擦力，以确保夹持牢靠，多用来夹持表面粗糙的毛坯或半成品。柔性指面内镶有橡胶、泡沫、石棉等物质，有增加摩擦力、保护工件表面、隔热等作用，一般用于夹持已加工表面、炽热件，或夹持薄壁件和脆性工件。

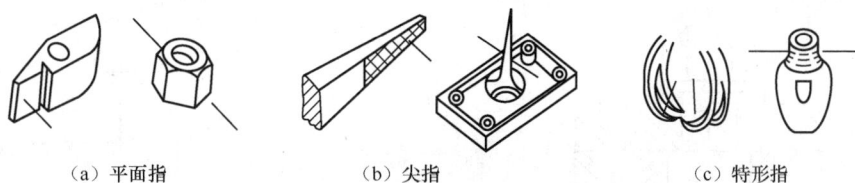

（a）平面指　　　　　　（b）尖指　　　　　　（c）特形指

图 2-10　夹钳式取料手的指端形状

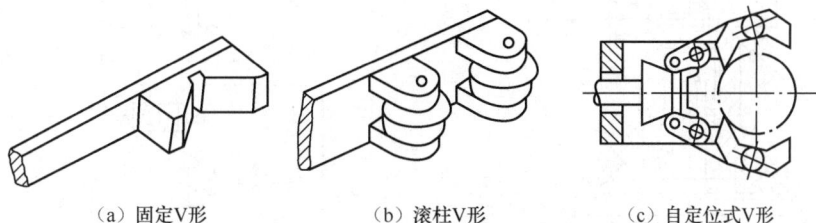

（a）固定V形　　　　　　（b）滚柱V形　　　　　　（c）自定位式V形

图 2-11　V形指端形状

（2）吸附式取料手

吸附式取料手靠吸附力取料，根据吸附方式的不同分为气吸附和磁吸附两种，适用于大平面、易碎（玻璃、磁盘等）、微小物体的吸附。

① 气吸附式取料手。气吸附式取料手是利用吸盘内的压力和大气压之间的压力差而工作的，按形成压力差的方法，可分为真空吸附式、气流负压吸附式、挤压排气式等，具有结构简单、重量轻、吸附力分布均匀等优点，对于薄片状如板材、纸张、玻璃等物体的搬运更有优越性，广泛应用于非金属材料的吸附。但它要求物体表面较平整光滑，无孔无凹槽。

a. 真空吸附式取料手。图 2-12 所示为真空吸附式取料手，其真空的产生是利用了真空泵，真空度较高，主要零件为碟形橡胶吸盘 1，通过固定环 2 安装在支承杆 4 上，支承杆由螺母 5 固定在基板 6 上。取料时，碟形橡胶吸盘与物体表面接触，橡胶吸盘在边缘既起到密封作用，又起到缓冲作用，然后真空抽气，吸盘内腔形成真空，吸取物料。放料时，管路接通大气，失去真空，物体放下。为避免在取、放料时产生撞击，有的还在支承杆上配有弹簧缓冲。为了更好地适应物体吸附面的倾斜状况，有的还在橡胶吸盘背面设计有球铰链。

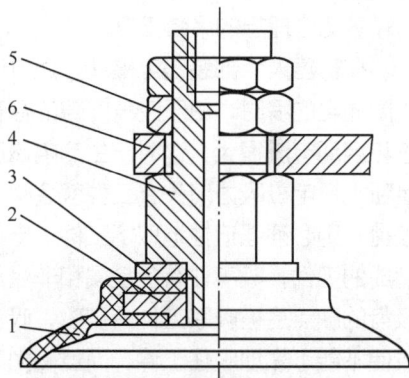

图 2-12　真空吸附式取料手

1—蝶形橡胶吸盘；2—固定环；3—垫片；
4—支承杆；5—螺母；6—基板

b. 气流负压吸附式取料手。气流负压吸附式取料手如图 2-13 所示，利用的是流体力学的原理，当需要取料时，压缩空气高速流经图 2-13（a）所示喷嘴 5，其出口处的气压低于吸盘腔内的气压，于是腔内的气体被高速气流带走而形成负压，完成取料动作；当需要放料时，切断压缩空气即可。这种取料手需要压缩空气，但工厂里较易取得，故成本较低。

c. 挤压排气式取料手。挤压排气式取料手如图 2-14 所示，其工作原理为取料时，橡胶吸盘压紧物体，橡胶吸盘变形，挤出腔内多余的空气，取料手上升，靠橡胶吸盘的恢复力形成负压，将物体吸住；放料时，压下拉杆 3，使吸盘腔与大气相连通而失去负压。该取料手结构简单，但吸附力小，吸附状态不易长期保持。

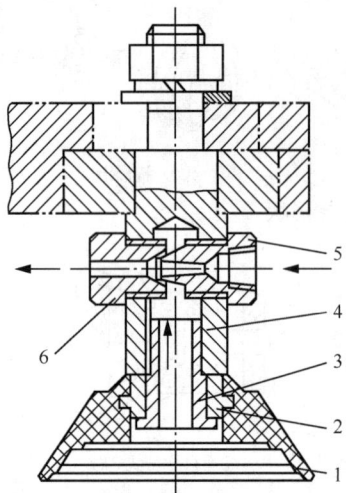

（a）气流负压吸附式取料手结构图
1—橡胶吸盘；2—心套；3—透气螺钉；4—支承杆；
5—喷嘴；6—喷嘴套

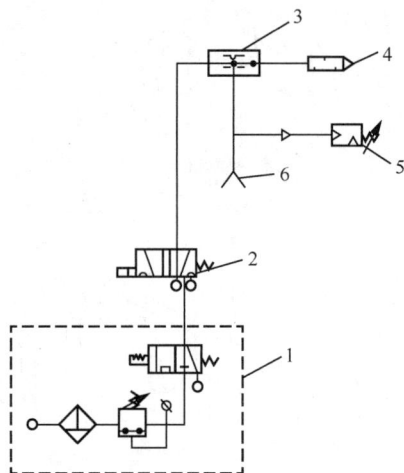

（b）气流负压吸附式取料手液压传动图
1—气源；2—电磁阀；3—真空发生器；4—消声器；
5—压力开关；6—气爪

图 2-13　气流负压吸附式取料手

② 磁吸附式取料手。磁吸附式取料手的吸盘有电磁吸盘和永磁吸盘两种，具有体积小、自重轻、持力强、可在水里使用等特点，广泛应用于机械加工、仓库等搬运吊装过程中对块状、圆柱形磁性钢铁材料工件的吸附，可大大提高工件装卸、搬运的效率，是工厂、码头、仓库、交通运输等场合理想的吊装工具。

在机器人手部装上电磁铁，通过电磁吸力把工件吸住。在线圈通电的瞬时，由于空气间隙的存在，磁阻很大，线圈的电感和启动电流很大，这时产生的电磁吸力就会将工件吸住，一旦断电，电磁吸力消失，工件就会松开。若采用永久磁铁作为吸盘，则必须强迫性地取下工件。电磁吸盘只能吸住铁磁材料制成的工件，吸不住有色金属和非金属材料制成的工件。磁力吸盘的缺点是被吸取工件有剩磁，吸盘上常会吸附一些铁屑，致使不能可靠地吸住工件，而且磁力吸盘只适用于对工件要求不高或有剩磁也无妨的场合。对于不允许有剩磁的工件如钟表零件及仪表零件等，不能选用磁吸盘，可选用真空吸盘。另

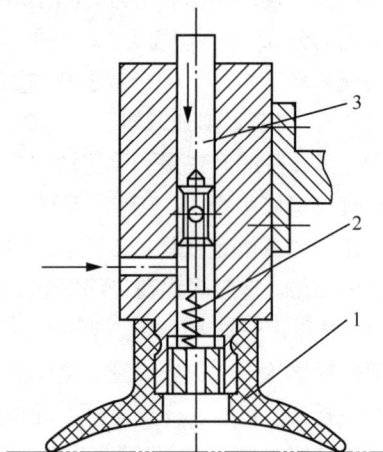

图 2-14　挤压排气式取料手
1—橡胶吸盘；2—弹簧；3—拉杆

外，钢、铁等磁性物质在温度为 723℃以上时磁性会消失，故高温条件下不宜使用磁力吸盘。

电磁铁工作原理如图 2-15（a）所示。当线圈 1 通电后，在铁心 2 内外产生磁场，磁力线穿过铁心、空气间隙和衔铁 3 被磁化并形成回路，衔铁受到电磁吸力 F 的作用被牢牢吸住。实际使用时，往往采用图 2-15（b）所示的盘式电磁铁，衔铁是固定的，衔铁内用隔磁材料将磁力线切断，当衔铁接触铁磁零件时，零件被磁化形成磁力线回路，并受到电磁吸力而被吸住。

图 2-16 所示为盘状磁吸附式取料手结构。铁心 1 和磁盘 3 之间用黄铜焊料焊接并构成隔磁环 2，这样使铁心 1 成为内磁极，磁盘 3 成为外磁极。其磁路由壳体 6 的外圈，经磁盘 3、工件和铁心，再到壳体内圈形成闭合回路，以此来吸附工件。铁心、磁盘和壳体均采用 8～10 号低碳钢制成，可

减少剩磁，并在断电时不吸或少吸铁屑。盖 5 为用黄铜或铝板制成的隔磁材料，用以压住线圈 11，防止工作过程中线圈的活动。挡圈 7、8 用以调整铁心和壳体的轴向间隙，即磁路气隙 δ，在保证铁心正常转动的情况下，气隙越小越好，气隙越大，则电磁吸力会显著地减小，因此，一般取 $\delta = 0.1 \sim 0.3$ mm。在机器人臂部的孔内可做轴向微量的移动，但不能转动。铁心 1 和磁盘 3 一起装在轴承 10 上，用以实现在不停车的情况下自动上下料。

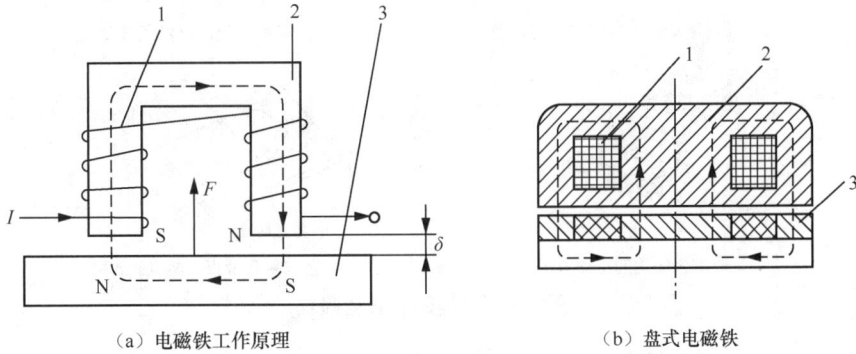

（a）电磁铁工作原理　　　　　　（b）盘式电磁铁

图 2-15　电磁铁

1—线圈；2—铁心；3—衔铁

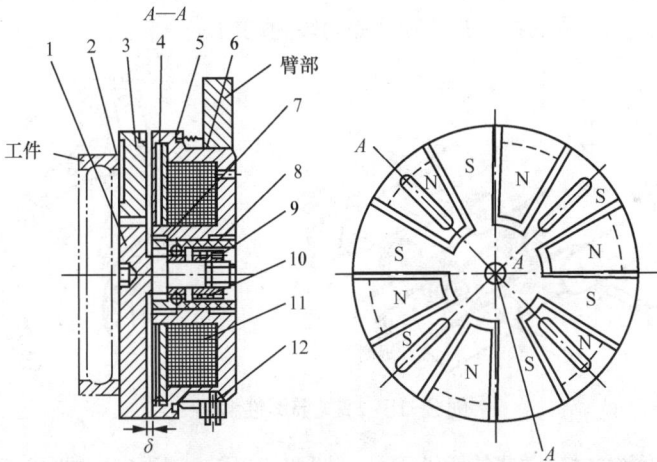

图 2-16　盘状磁吸附式取料手结构

1—铁心；2—隔磁环；3—磁盘；4—卡环；5—盖；6—壳体；7、8—挡圈；9—螺母；10—轴承；11—线圈；12—螺钉

图 2-17 所示为几种电磁式吸盘吸料。图 2-17（a）为吸附滚动轴承底座的电磁式吸盘；图 2-17（b）为吸取钢板的电磁式吸盘；图 2-17（c）为吸取齿轮用的电磁式吸盘；图 2-17（d）为吸附多孔钢板用的电磁式吸盘。

（3）仿生多指灵巧手

目前，大部分工业机器人的手部只有 2 个手指，而且手指上一般没有关节。简单的夹钳式取料手不能适应物体外形的变化，不能使物体表面承受比较均匀的夹持力，无法对复杂形状、不同材质的物体实施夹持和操作。为了提高机器人手爪和腕部的操作能力、灵活性和快速反应能力，使机器人手部能像人手一样进行各种复杂的作业，如装配作业、维修作业、设备操作以及机器人模特的礼仪手势等，设计出了柔性手和多指灵巧手。

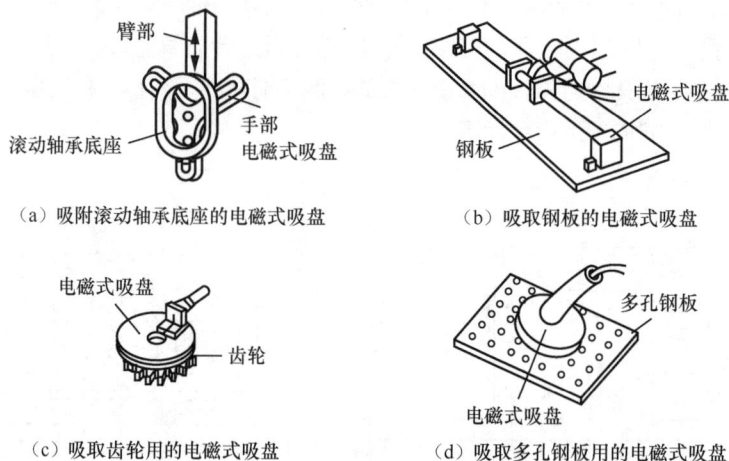

（a）吸附滚动轴承底座的电磁式吸盘　　（b）吸取钢板的电磁式吸盘

（c）吸取齿轮用的电磁式吸盘　　（d）吸取多孔钢板用的电磁式吸盘

图 2-17　电磁式吸盘吸料

① 柔性手。柔性手能对不同外形的物体实施抓取，并使物体表面受力比较均匀。图 2-18 所示为多关节柔性腕部，每个手指由多个关节串联而成。手指传动部分由牵引钢丝绳及摩擦滚轮组成，每个手指由两根钢丝绳牵引，一侧为握紧，另一侧为放松。驱动源可采用电动机或液压、气动元件。柔性腕部可抓取外形凹凸不平的物体并使物体受力较为均匀。

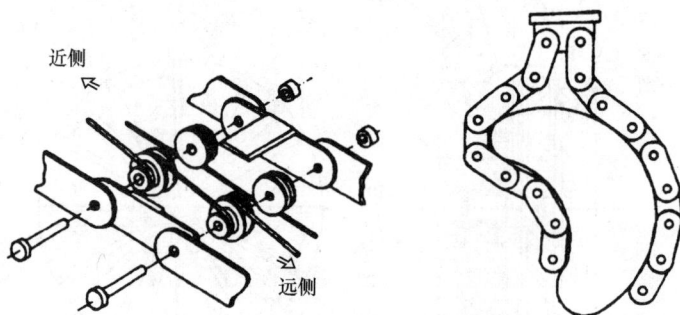

图 2-18　多关节柔性腕部

图 2-19 所示为用柔性材料做成的柔性手。一端固定，另一端为自由端的双管合一的柔性管状手爪，当一侧管内充气体或液体、另一侧管内抽气或抽液时形成压力差，柔性手爪就向抽空侧弯曲。此种柔性手适用于抓取轻型、圆形物体，如玻璃器皿等。

② 多指灵巧手。如图 2-20 所示，多指灵巧手有多个手指，每个手指有 3 个回转关节，每一个关节的自由度都是独立控制的。因此，几乎人的手指能完成的各种复杂动作它都能模仿，诸如拧螺钉、弹钢琴、做礼仪手势等动作。在手部配置触觉、力觉、视觉、温度传感器，将会使多指灵巧手功能更加完善。多指灵巧手的应用前景十分广泛，可在各种极限环境下完成人无法实现的操作，如在核工业、宇宙空间作业，在高温、高压、高真空环境下作业等。

（4）专用操作器及换接器

机器人是一种通用性很强的自动化设备，可根据作业要求，再配上各种专用的末端执行器后，就能完成各种动作。如在通用机器人上安装焊枪就使其成为一台焊接机器人，安装拧螺母机则使其成为一台装配机器人。目前许多由专用电动、气动工具改型而成的操作器，如拧螺母机、焊枪、电磨头、电铣头、抛光头、激光切割机等，所形成的一整套系列供用户选用，使机器人能胜任各种工作。

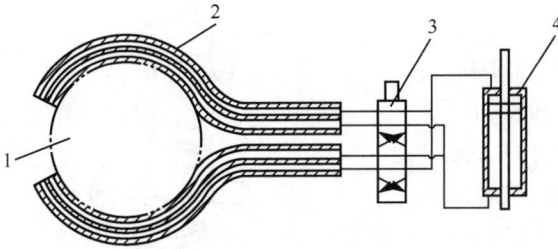

图 2-19　柔性手

1—工件；2—手爪；3—电磁阀；4—油缸

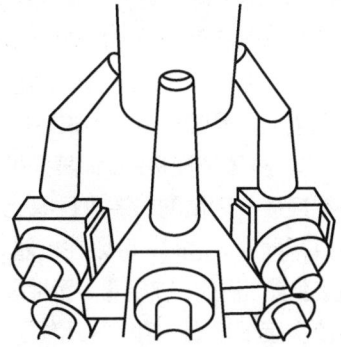

图 2-20　多指灵巧手

① 专用操作器。图 2-21 所示是一个装有电磁吸盘式换接器的机器人腕部以及各种专用末端执行器，电磁吸盘直径 60 mm，质量为 1 kg，吸力 1100 N，换接器可接通电源、信号、压力气源和真空源，电插头有 18 芯，气路接头有 5 路。为了保证连接位置的精度，设置了两个定位销。在各末端执行器的端面装有换接器座，平时陈列于工具架上，需要使用时机器人腕部上的换接器电磁吸盘可从正面吸牢换接器座，接通电源和气源，然后从侧面将末端执行器推出工具架，机器人便可进行作业。

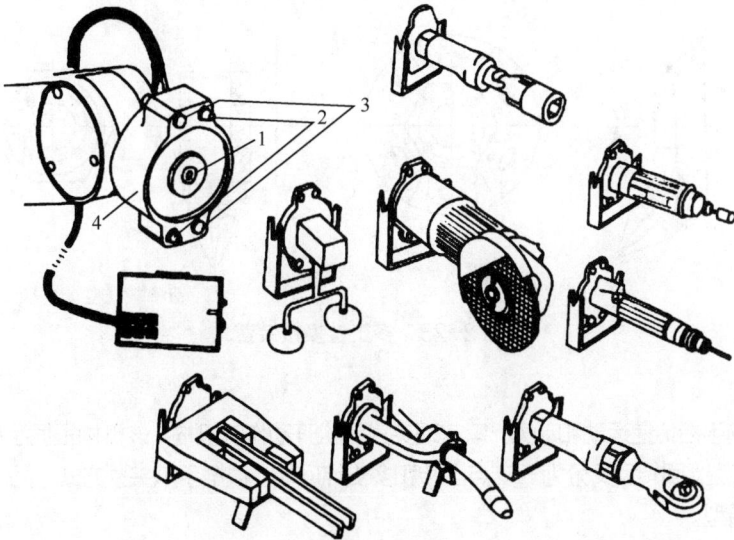

图 2-21　装有电磁吸盘式换接器的机器人腕部和各种专用末端执行器

1—气路接口；2—定位销；3—电接头；4—电磁吸盘

② 换接器或自动手爪更换装置。使用一台通用机器人，要在作业时能自动更换不同的末端执行器，就需要配置具有快速装卸功能的换接器。换接器由换接器插座和换接器插头两部分组成，分别装在机器腕部和末端执行器上，能够实现机器人对末端执行器的快速自动更换。

专用末端换接器的要求是同时具备气源、电源及信号的快速连接与切换功能；能承受末端执行器的工作载荷；在失电、失气情况下，机器人停止工作时不会自行脱离；具有一定的换接精度等。图 2-22 所示为气动换接器和专用末端执行器库。该换接器也分成两部分：一部分装在腕部上，称为换接器；另一部分装在末端执行器上，称为配合器。利用气动锁紧器将两部分进行连接，并使用位置指示灯以表示电路、气路是否接通。具体实施时，各种末端执行器放在工具架上，组成一个专用末端执行器库。

③ 多工位换接装置。某些机器人作业任务较为集中，需要换接一定量的末端执行器，又不必配备数量较多的末端执行器库。这时，可以在机器人腕部上设置一个多工位换接装置。例如，在机器人柔性装配线某个工位上，机器人要依次装配垫圈、螺钉等几种零件，装配采用多工位换接装置，可以从几个供料处依次抓取几种零件，然后逐个进行装配，既可以节省几台专用机器人，也可以避免通用机器人频繁换接末端执行器，节省装配作业时间。多工位换接装置如图 2-23 所示，就像数控加工中心的刀库一样，可以有棱锥型和棱柱型两种形式。棱锥型换接装置可保证手爪轴线和腕部轴线一致，受力较合理，但其传动机构较为复杂；棱柱型换接装置传动机构较为简单，但其手爪轴线和腕部轴线不能保持一致，受力不良。

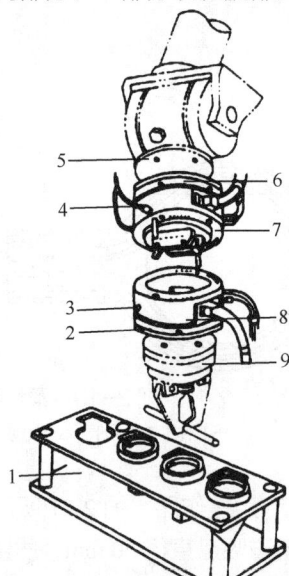

图 2-22　气动换接器和专用末端执行器库
1—末端执行器库；2—操作器过渡法兰；3—位置指示灯；4—换接器气路；5—连接法兰；6—过渡法兰；7—换接器；8—换接器配合端；9—末端执行器

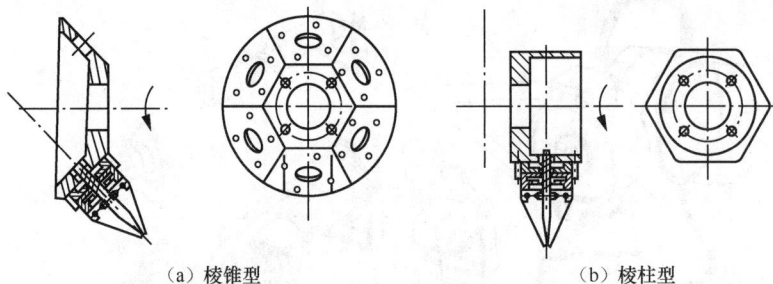

（a）棱锥型　　　　　　　　　　　　　（b）棱柱型

图 2-23　多工位换接装置

4. 传动机构

传动机构是向手指传递运动和动力，以实现夹紧和松开动作的机构。该机构根据手指开合的动作特点分为回转型和平移型。回转型又分为一支点回转和多支点回转。根据手爪夹紧方式，回转型又可分为摆动回转型和平动回转型。

（1）回转型传动机构

夹钳式手部中应用较多的是回转型传动机构，其手指就是一对杠杆，一般再同斜楔、滑槽、连杆、齿轮、蜗轮蜗杆或螺杆等机构组成复合式杠杆传动机构，用以改变传动比和运动方向等。图 2-24（a）所示为单作用斜楔式回转型手部结构简图，斜楔向下运动，克服弹簧拉力，使杠杆手指装着滚子的一端向外撑开，从而夹紧工件；斜楔向上移动，则在弹簧拉力作用下使手指松开。手指与斜楔通过滚子接触可以减小摩擦力，提高机械效率。有时为了简化结构，也可让手指与斜楔直接接触，如图 2-24（b）所示的结构。

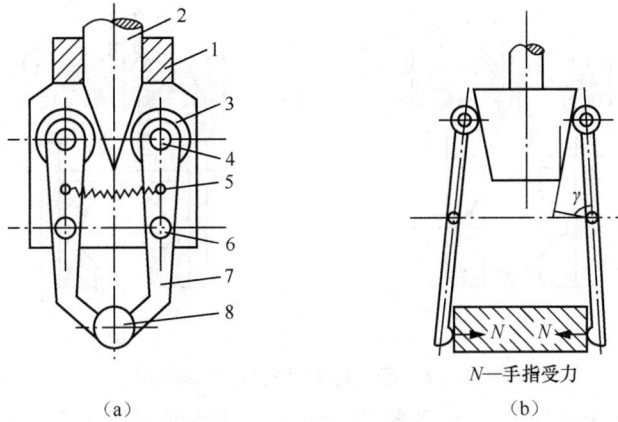

（a）   （b）

图 2-24 回转型传动机构

1—壳体；2—斜楔驱动杆；3—滚子；4—圆柱销；5—弹簧；6—铰销；7—手指；8—工件

图 2-25 所示为滑槽式杠杆回转型手部简图，杠杆手指 4 的一端装有 V 形指 5，另一端则开有长滑槽。驱动杆 1 上的圆柱销 2 套在滑槽内，当驱动杆同圆柱销一起做往复运动时，即可拨动两个手指各绕其支点（铰销 3）做相对回转运动，从而实现手指的夹紧与松开动作。

图 2-26 所示为双支点连杆杠杆式手部简图。驱动杆 2 末端与连杆 4 由铰销 3 铰接，当驱动杆 2 做直线往复运动时，连杆推动两杆手指各绕其支点做回转运动，从而使手指松开或闭合。

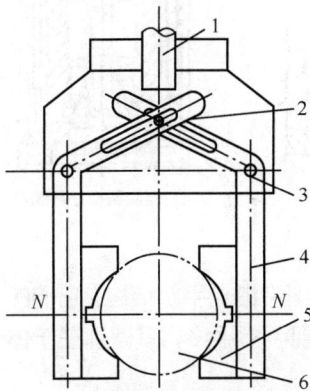

图 2-25 滑槽式杠杆回转型手部

1—驱动杆；2—圆柱销；3—铰销；4—杠杆手指；
5—V 形指；6—工件

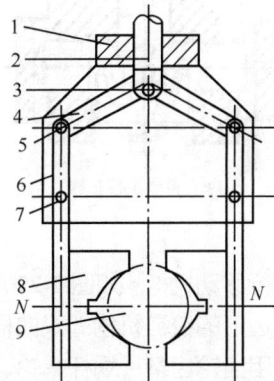

图 2-26 双支点连杆杠杆式手部

1—壳体；2—驱动杆；3—铰销；4—连杆；5、7—圆柱销；
6—手指；8—V 形指；9—工件

图 2-27 所示为齿轮齿条杠杆式手部的结构。驱动杆 2 末端制成双面齿条，与扇齿轮 4 相啮合，而扇齿轮 4 与手指 5 固连在一起，可绕支点回转。驱动力推动齿条做直线往复运动，即可带动扇齿轮回转，从而使手指松开或闭合。

（2）平移型传动机构

平移型夹钳式手部是通过手指的指面做直线往复运动或平面移动来实现张开或闭合动作的，常用于夹持具有平行平面的工件（如冰箱等），其结构较复杂，不如回转型手部应用广泛。

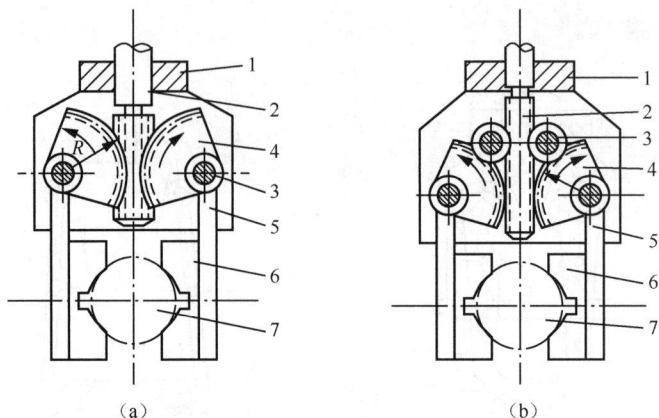

图 2-27 齿轮齿条杠杆式手部的结构

1—壳体；2—驱动杆；3—中间齿轮；4—扇齿轮；5—手指；6—V 形指；7—工件

　　直线往复移动机构：实现直线往复移动的机构很多，常用的斜楔传动、连杆杠杆传动、齿条传动、螺旋传动等均可应用于手部结构，如图 2-28 所示，它们既可是双指型的，也可是三指（或多指）型的；既可自动定心，也可非自动定心。

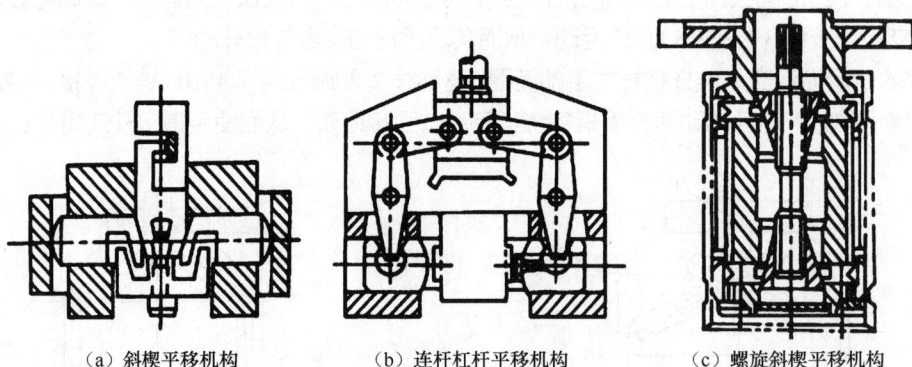

（a）斜楔平移机构　　　　　（b）连杆杠杆平移机构　　　　（c）螺旋斜楔平移机构

图 2-28 直线平移型手部

　　平面平行移动机构：如图 2-29 所示为几种平面平行平移型夹钳式手部结构，它们的共同点是都采用平行四边形的铰链机构即双曲柄铰链四连杆机构，以实现手指平移，其差别在于传动方法的不同，分别采用齿轮齿条、蜗杆蜗轮、连杆斜滑槽。

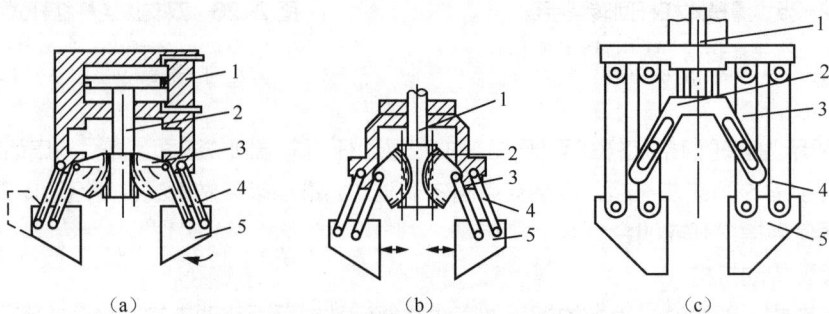

（a）　　　　　　　　　（b）　　　　　　　　　（c）

图 2-29 平面平行平移型夹钳式手部结构

1—驱动器；2—驱动元件；3—驱动摇杆；4—从动摇杆；5—手

5. 驱动方式

机械手爪通常采用气动、液压、电动和电磁等方式来驱动手指的开合。气动手爪应用广泛，其结构简单、成本低、维修容易、开合迅速、重量轻，但空气介质的可压缩性使爪钳位置控制比较复杂。液压手爪成本较高。电动手爪的手指开合电动机控制与机器人控制可以共用一个系统，但是夹紧力比气动手爪、液压手爪小。电磁手爪控制信号简单，但是夹紧力与爪钳行程有关，只用在开合距离小的场合。

图 2-30 所示为一种气动手爪，气缸 4 中压缩空气推动活塞 3 使连杆齿条 2 做往复运动，经扇齿轮 1 带动平行四边形机构，使爪钳 5 平行地快速开合。

图 2-31 所示为常见机械手爪的传动机构，分别为齿轮齿条式手爪、拨杆杠杆式手爪、滑槽式手爪、重力式手爪。

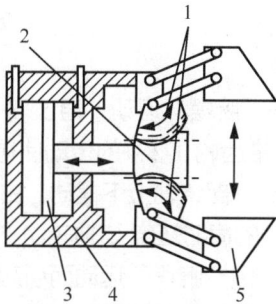

（a）齿轮齿条式手爪　　（b）拨杆杠杆式手爪

（c）滑槽式手爪　　（d）重力式手爪

图 2-31　常见机械手爪的传动机构

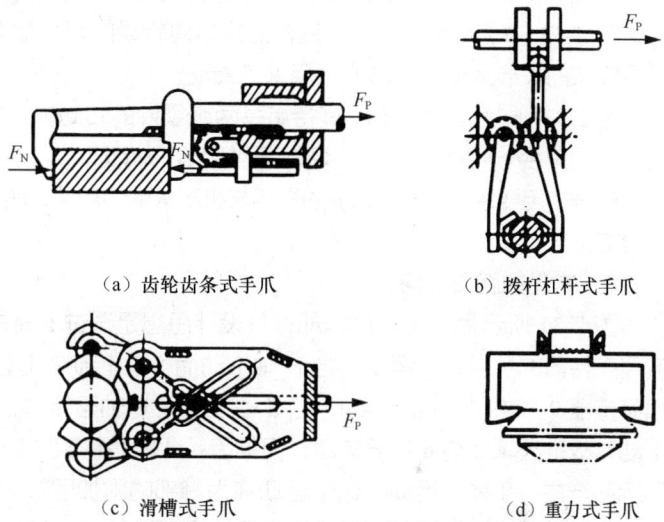

图 2-30　气动手爪

1—扇齿轮；2—连杆齿条；3—活塞；4—气缸；5—爪钳

2.2.2　工业机器人的腕部

工业机器人的腕部起到支承手部的作用，机器人一般具有 6 个自由度才能使手部达到目标位置和处于期望的姿态。

1. 腕部结构的基本形式和特点

腕部是连接末端执行器和臂部的部件，通过腕部调整改变工件的方位，它具有独立的自由度，以便机器人末端执行器适应复杂的动作要求。腕部一般需要 3 个自由度，由 3 个回转关节组合而成，组合的方式多种多样，运动的形式也多种多样。腕部回转运动的形式如图 2-32 所示。

各回转方向的定义分别如下。

（1）臂转也称为扭转，是指绕小臂轴线方向的旋转。

（2）腕摆也称为俯仰，是指使末端执行器相对于臂部进行运动的摆动。

（3）手转也称为偏转，是指末端执行器绕自身轴线方向的旋转。

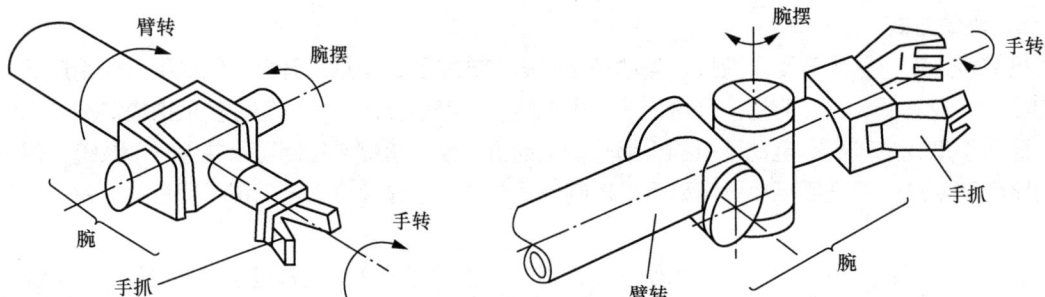

图 2-32　腕部回转运动的形式

2. 腕部运动的分类

按转动特点的不同，用于腕部关节的转动又可细分为滚转和弯转两种。

图 2-33（a）所示为滚转，其特点是相对转动的两个零件的回转轴线重合，因而能实现 360° 无障碍旋转的关节运动，滚转通常用 R 来标记。

图 2-33（b）所示为弯转，其特点是两个零件的转动轴线相互垂直，这种运动会受到结构的限制，相对转动角度一般小于 360°，弯转通常用 B 来标记。

根据使用要求，腕部自由度的选用与机器人的通用性、加工工艺要求、工件放置方位和定位精度等因素有关。

3. 常见的腕部结构

图 2-34 所示为 2 自由度腕部，其设计思想是通过 S 轴转动实现"腕摆"运动，通过 S 轴转动实现夹持器的"手转"运动，当 B 轴不动而 S 轴转动的时候，通过锥齿轮 1-2-4 的传动使得手部 8 和夹持器 9 产生"手转"运动，当 S 轴不动而 B 轴回转时，B 轴带动腕部绕轴上下摆动，由于 S 轴不动，故锥齿轮 3 绕 d 轴无转动，但锥齿轮 4 随着构架 7 绕 d 轴转动的同时还绕 C 轴转动，从而带动腕部产生"手转"运动，这个运动称为腕部的附加回转运动。这种因"腕摆"运动而引起的"手转"运动被称为诱导运动。在设计时要注意采取补偿措施，消除诱导运动的影响。

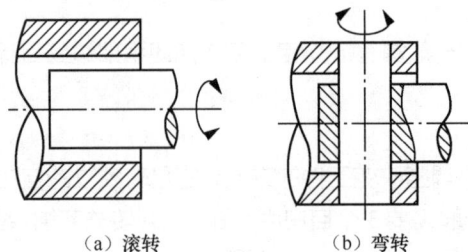

（a）滚转　　　　（b）弯转

图 2-33　滚转和弯转

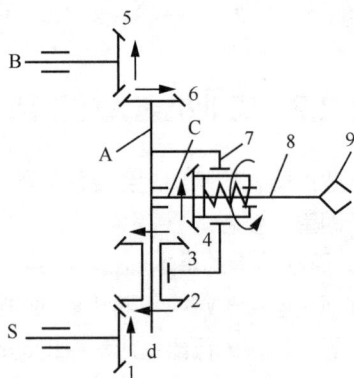

图 2-34　2 自由度腕部

1～6—锥齿轮；7—构架；8—手部；9—夹持器

图 2-35 所示为 3 自由度腕部的运动形式，当行星架 9 固定不动时，该机构实现绕摆动轴 19 的"腕摆"运动路线为：传动轴 22—齿轮 24—圆柱齿轮 21—齿轮 20—锥齿轮 16—锥齿轮 17—腕部绕轴 19 的摆动；实现"手转"的运动路线为：传动轴 7（即传动轴 S）—齿轮 10—圆柱齿轮 23—齿轮

11—锥齿轮 12—锥齿轮 13—锥齿轮 14—夹持器的"手转"。行星架 9 的运动为增加的腕部转动自由度，其运动路线为：油缸 1 中的活塞左右移动—链轮 2 转动—锥齿轮 3 和 4 带动花键轴 5 和 6 转动—行星架 9 的转动。当行星架 9 运动时，即使 S 轴和 T 轴均不绕腕架 8 运动，但由于齿轮 22 绕齿轮 21 和齿轮 11 绕圆柱齿轮 23 的转动，齿轮 22 的自转通过锥齿轮 20、16、17、18 传递到摆动轴 19，引起腕部绕轴 19 的"腕摆"运动。同样，锥齿轮 11 的自转通过锥齿轮 12、13、14、15 传递到夹持器产生"手转"运动。这两种运动均为行星架 9 运动产生的诱导运动，在设计时需要考虑进行补偿。

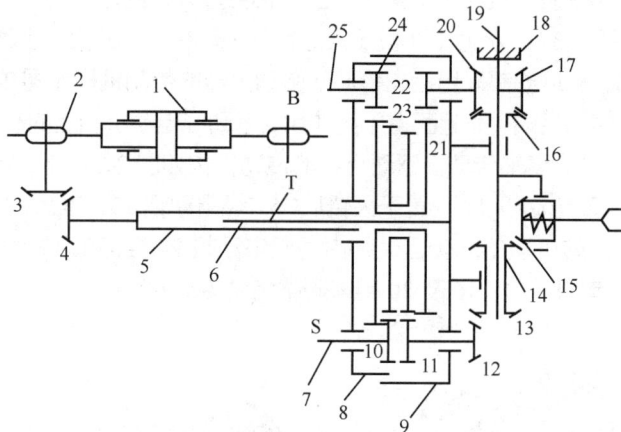

图 2-35　3 自由度腕部的运动形式

1—油缸；2—链轮；3、4、11~18、20—锥齿轮；5、6—花键轴；7—传动轴 S；8、9—行星架；10、24、25—齿轮；
19—摆动轴；21、23—圆柱齿轮；22—传动轴

3 自由度腕部能使手部取得空间任意姿态，图 2-36 所示为 3 自由度腕部的几种组合方式。

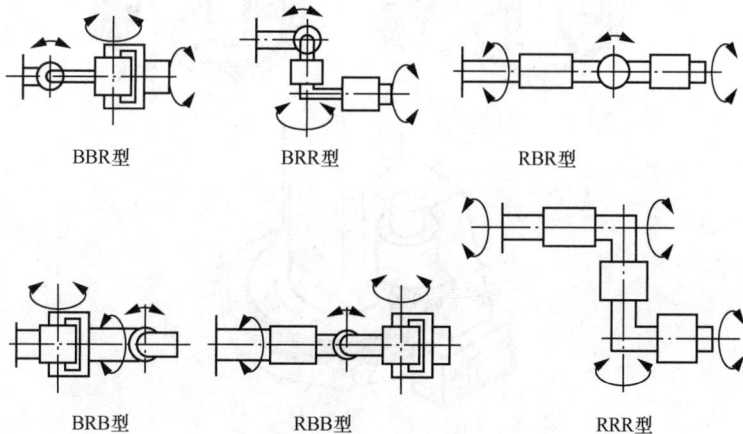

BBR型　　BRR型　　RBR型

BRB型　　RBB型　　RRR型

图 2-36　3 自由度腕部的组合方式

2.2.3　工业机器人的臂部

工业机器人的臂部是操作机中的主要运动部件，用来支承腕部和手部，并用来调整手部在空间的位置。臂部一般有 3 个自由度，即伸缩、回转和升降（或俯仰）。臂部的直线运动可通过液压缸或气缸驱动来实现，也可以通过齿轮齿条、滚珠丝杠、直线电动机等来实现。回转运动的实现方法很

多，例如通过蜗轮蜗杆式、齿轮齿条式、链轮链条式，以及谐波齿轮传动装置等来实现。

1. 专用机械手的臂部

专用机械手的臂部一般具有 1~2 个自由度，即伸缩、回转或平移。臂部总质量较大，受力一般较复杂，在运动时，直接承受腕部、手部和工件（或工具）的静、动载荷，尤其在高速运动时，将产生较大的惯性力（或惯性矩），引起冲击，影响定位的准确性。臂部运动部分零部件的质量直接影响着臂部结构的刚度和强度。专用机械手的臂部一般直接安装在主机上，工业机器人的臂部一般与控制系统和驱动系统一起安装在机身（即机座）上，机身可以是固定式的，也可以是行走式的，即可沿地面或导轨运动。图 2-37 所示为工业机器人的臂部传动机构。其大、小臂是用高强度铝合金材料制成的薄臂框形结构，各运动都采用齿轮传动。驱动大臂的传动机构如图 2-37（a）所示，大臂 1 的驱动电动机 7 安置在臂的后端，兼起配重平衡作用，运动经电动机轴上的小锥齿轮 6、大锥齿轮 5 和一对圆柱齿轮 2、3 驱动大臂轴传动。驱动小臂的传动机构如图 2-37（b）所示，驱动装置安装于大臂 10 的框形臂架，驱动电动机 11 也置于大臂后端，经驱动轴 12，锥齿轮 8、9，圆柱齿轮 14、15，驱动小臂轴转动。回转机座的回转运动则由伺服电动机 24 经齿轮 19、21、22 和 23 驱动，如图 2-37（c）所示。偏心套 4、13、16 及 20 用来调整齿轮传动间隙。

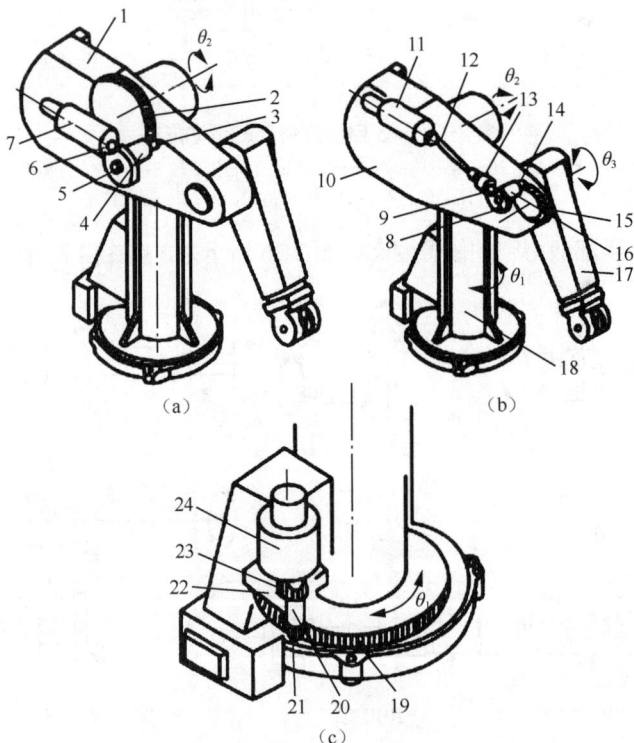

图 2-37 工业机器人的臂部传动机构

1、10—大臂；2、3、14、15—圆柱齿轮；4、13、16、20—偏心套；5、6、8、9—锥齿轮；7、11—驱动电动机；12—驱动轴；17—小臂；18—回转机座；19、21、22、23—齿轮；24—伺服电动机

2. 工业机器人的臂部运动形式

（1）直角坐标型工业机器人臂部可沿 3 个直角坐标轴移动。

（2）圆柱坐标型工业机器人臂部可做升降、回转和伸缩动作。

（3）球坐标型工业机器人臂部能做回转、俯仰和伸缩动作。

（4）关节型工业机器人臂部有多个转动关节能做动作。

3. 工业机器人臂部设计的基本要求

臂部的结构形式必须根据机器人的运动形式、抓取质量、动作自由度、运动精度等因素来确定。同时，设计时必须考虑到臂部的受力情况、油（气）缸及导向装置的布置、内部管路与腕部的连接形式等因素，因此设计臂部时一般要满足以下要求。

（1）刚度要大。为防止臂部在运动过程中产生过大的变形，臂部的截面形状的选择要合理。工字形截面弯曲刚度一般比圆截面大，空心管的弯曲刚度和扭转刚度都比实心轴大得多。所以常用钢管作臂杆及导向杆，用工字钢和槽钢作支承板。

（2）导向性要好。为防止臂部在平移运动中沿运动轴线发生相对转动，或设置导向装置，或设计方形、花键等形式的臂杆。

（3）偏重力矩要小。所谓偏重力矩就是指臂部的重力对其支承回转轴所产生的静力矩。为提高机器人的运动速度，要尽量减小臂部运动部分的重力，以减小偏重力矩和整个臂部对回转轴的转动惯量。

（4）运动要平稳，定位精度要高。由于臂部运动速度越高、质量越大，惯性力引起的定位前的冲击也就越大，运动不平稳，定位精度也不会高。故应尽量减小臂部运动部分的质量，使结构紧凑、质量轻，同时要采取一定形式的缓冲措施。

2.2.4 工业机器人的腰部

工业机器人部件之间设置关节结构，部件和地面之间设置腰部机构，部件通过腰部机构安装在地面上，以使末端组件运动范围覆盖机器人周边区域。工业机器人的腰部包括机座和腰关节，机座承受机器人的全部质量，要有足够的强度和刚度，也要有一定的尺寸以保证机器人的稳定，并满足驱动装置及电缆的安装。

1. 工业机器人的机座

机座也称底座，是整个工业机器人的支承部分，必须有足够的刚度和稳定性，分为固定式和移动式两类。

（1）固定式机座

固定式机座结构比较简单，按照安装方法的不同，可以分为直接地面安装、架台安装两种形式。其中，直接地面安装是将底板埋入混凝土中固定，底板要求尽可能稳固以经受得住臂部传来的反作用力，底板与工业机器人机座用高强度螺栓连接；架台安装与直接地面安装在底板上要领基本相同，架台与底板用高强度螺栓固定连接。固定式机座如图 2-38 所示。

（2）移动式机座

移动式机座充当了机器人的行走机构，实现了机器人的行走功能，是移动机器人的重要执行机构，如图 2-39 所示。它是由驱动装置、传动机构、位置检测元件、传感器、电缆以及

图 2-38　固定式机座

管路等组成的，起到了支承机器人的腰部、臂部、手部和带动机器人按照工作任务要求进行运动的

作用，其按运动轨迹分为固定轨迹式行走机构和无固定轨迹式行走机构。

① 固定轨迹式行走机构的工业机器人的机身底座安装在一个可移动的拖板座上，依靠丝杠螺母驱动，整个机器人沿丝杠纵向移动。这类工业机器人除采用直线驱动方式外，有时也采用类似起重机梁行走方式等，主要用于作业区域大的场合，如大型设备装配，自动化仓库中的材料搬运、材料堆垛和储运、大面积喷涂等。

② 无固定轨迹式行走机构主要有车轮式行走机构、履带式行走机构、足式行走机构。此外，还有适合于各种特殊场合的步进式行走机构、蠕动式行走机构、混合式行走机构和蛇行式行走机构等。

2. 工业机器人的腰关节

腰关节是负载最大的运动轴，对末端执行器运动精度影响最大，故设计精度要求高。腰关节的轴可采用普通轴承的支承结构，比如图2-40所示的机器人腰部结构。其优点是结构简单、安装调整方便，但腰部高度较高。为了减少腰部高度，可采用单列十字交叉滚子轴承。环形十字交叉轴承精度高，刚度大，负载能力强，装配方便，可以承受径向力、轴向力及倾覆力矩，许多机器人的腰关节都采用环形轴承，但这种轴承的价格较高。环形十字交叉滚子轴承的安装方式如图2-41所示。

图2-39　移动式机座

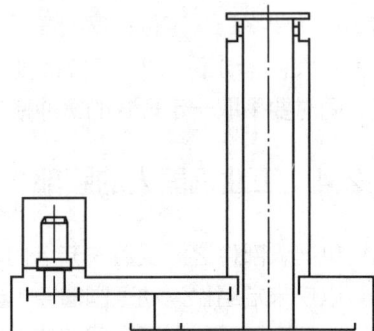

图2-40　机器人腰部结构

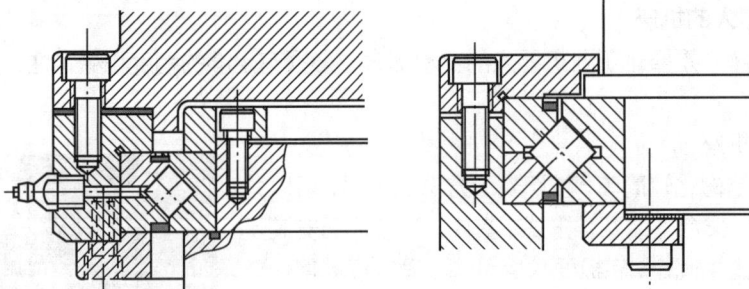

（a）轴承外环回转

（b）轴承内环回转

图2-41　环形十字交叉滚子轴承的安装方式

【技能训练】

2.2.5　总结工业机器人结构参数

通过对本模块的学习，总结工业机器人的执行机构相关知识并把各机构的具体形式填写进表2-2。

表 2-2　工业机器人执行机构的具体形式

工业机器人执行机构	具体形式

【模块小结】

通过对本模块的学习，同学们能够掌握工业机器人执行机构、驱动系统、控制系统和传感系统等 4 个基本组成部分，了解各基本组成部分的作用，培养深入思考的能力；重点深入了解工业机器人的执行机构，掌握执行机构中手部、腕部、臂部、腰部等各部分的分类和作用，以及不同执行机构的特点，提高思维能力。

【巩固练习】

一、填空题

1. 工业机器人的基本组成有＿＿＿＿＿、＿＿＿＿＿、＿＿＿＿＿、＿＿＿＿＿。

2. 工业机器人的驱动方式为＿＿＿＿＿、＿＿＿＿＿、＿＿＿＿＿、＿＿＿＿＿。

3. 工业机器人的执行机构有＿＿＿＿＿、＿＿＿＿＿、＿＿＿＿＿、＿＿＿＿＿。

4. 工业机器人的手部的四大特征为＿＿＿＿＿、＿＿＿＿＿、＿＿＿＿＿、＿＿＿＿＿。

5. 工业机器人的臂部结构用来支承＿＿＿＿＿和＿＿＿＿＿，并用来调整＿＿＿＿＿在空间的位置。

二、简答题

1. 工业机器人的执行机构是通过哪些方式连接起来的?

2. 简述工业机器人手部的特点和有哪些常见的手部机构。

3. 说明工业机器人基本组成及各部分之间的关系。

4. 说明工业机器人执行机构的组成及各部分之间的关系。

5. 简述设计工业机器人时需注意的问题。

模块3
工业机器人的运动学和动力学

03

【学习导读】

机器人运动学研究的是机器人末端执行器与各个驱动关节处关节变量的映射关系，可分为两个基本问题：正运动学和逆运动学。正运动学研究给定机器人各关节变量，计算机器人末端的位置和姿态；逆运动学研究已知机器人末端的位置和姿态，计算机器人对应关节的全部变量，其问题的求解比较困难。机器人动力学研究的是机器人运动和作用力之间的关系，包括正动力学问题和逆动力学问题。正动力学研究给定关节驱动力/力矩，求解机器人对应的运动，需要求解非线性方程组，计算复杂，主要用于机器人的运动仿真。逆动力学研究已知机器人的运动，计算对应的关节驱动力/力矩，即计算实现预定运动需要施加的力/力矩，不需要求解非线性方程组，计算相对简单，主要用于机器人的运动控制。

【学习目标】

知识目标
- 了解工业机器人的位置和姿态的描述；
- 掌握齐次坐标和齐次变换矩阵的运算；
- 理解工业机器人关键参数、关键变换、运动学方程的求解；
- 理解工业机器人动力学研究的两个基本问题。

技能目标
- 能准确计算机器人每个关节的齐次坐标矩阵；
- 能准确掌握机器人正运动学和逆运动学的求解思想；
- 能够掌握齐次坐标矩阵的基本运算。

素养目标
- 具备独立学习、灵活运用所学知识的能力；
- 培养独立分析问题和解决问题的能力；
- 具备潜心钻研的职业精神和必要的创新能力。

【思维导图】

```
                                                              空间点的表示
                                                            空间向量的表示
                        工业机器人运动学与动力学的数学基础      空间坐标系的表示
                                                            空间坐标系的表示方法

                                                          工业机器人位姿描述
                                                        齐次变换和运算
                                                        工业机器人的技术参数
  工业机器人的运动学和动力学      工业机器人的运动学        工业机器人的正运动学方程
                                                        工业机器人的逆运动学方程
                                                        计算6自由度工业机器人的齐次变换矩阵

                        工业机器人的动力学
```

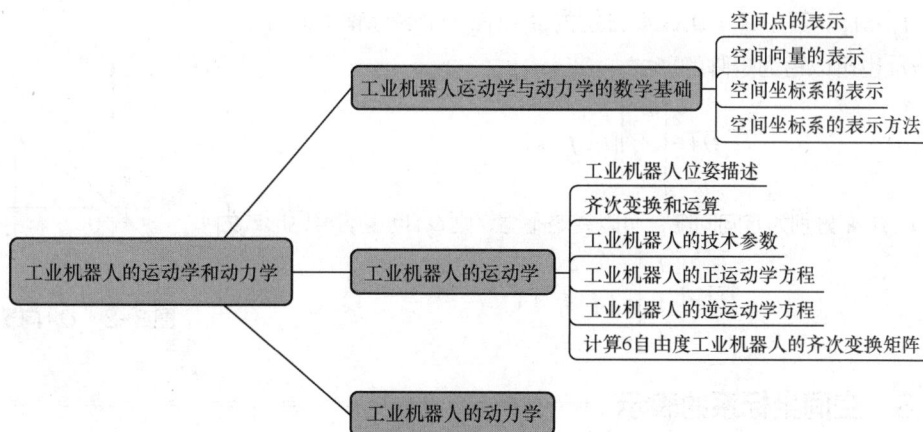

3.1 工业机器人运动学与动力学的数学基础

【相关知识】

为了方便理解工业机器人在运动过程中各个关节的相对位置和绝对位置的具体表述方法，了解运动学与动力学模型表达的含义，通常用数学方程式对工业机器人的各个关节进行研究。其中，矩阵常用来表示各个关节的相对位置、绝对位置、速度、加速度、位移之间的关系，还可以表示坐标系中物体和抓取物体之间的位置关系。

3.1.1 空间点的表示

空间点即三维空间中的 1 个点，如图 3-1 所示，空间点 A 可以用坐标系 O 中 3 个坐标轴中的相对位置表示，坐标表示为 $A(x,y,z)$，假设在 3 个坐标轴上的方向向量分别为 i、j、k，则 A 的坐标形式表示为 $\overrightarrow{OA} = x_{\vec{i}} + y_{\vec{j}} + z_{\vec{k}}$。

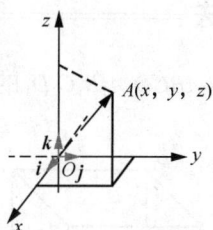

图 3-1　空间坐标系

3.1.2 空间向量的表示

空间向量大致可以分为过原点的向量和不过原点的向量，它们都通过起始空间点和终止空间点的坐标形式表示，如图 3-2 所示，$\overrightarrow{OA}$ 向量起始点为 $O(O_x,O_y,O_z)$，终止点为 $A(A_x,A_y,A_z)$，则 $\overrightarrow{OA}$ 向量可以表示为 $\overrightarrow{OA}=(A_x-O_x)\boldsymbol{i}+(A_y-O_y)\boldsymbol{j}+(A_z-O_z)\boldsymbol{k}$，在这里因为起始点 O 为原点，因此向量可以写为 $\overrightarrow{OA}=A_{xi}+A_{yj}+A_{zk}$，其中 A_x、A_y、A_z 分别为 A 点在 3 个坐标轴上的分量。

此时 $\overrightarrow{OA}$ 也可以写为矩阵的形式

$$\overrightarrow{OA}=\begin{bmatrix}A_x\\A_y\\A_z\end{bmatrix}\begin{bmatrix}\boldsymbol{i}&\boldsymbol{j}&\boldsymbol{k}\end{bmatrix}$$

因为 $\boldsymbol{i}$、$\boldsymbol{j}$、$\boldsymbol{k}$ 分别为方向向量，可以省略不写，则 $\overrightarrow{OA}$ 向量的常见形式为

$$\overrightarrow{OA}=\begin{bmatrix}A_x\\A_y\\A_z\end{bmatrix}=[A_x\ A_y\ A_z]^{\mathrm{T}}$$

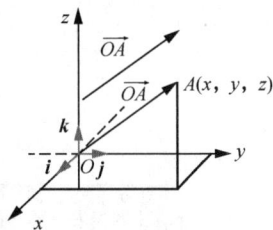

图 3-2 $\overrightarrow{OA}$ 向量坐标系

3.1.3 空间坐标系的表示

如图 3-3 所示，空间坐标系由 3 个相交的空间向量组成并且互相垂直，假设黑色坐标系为绝对坐标系，则红色坐标系和蓝色坐标系为相对坐标系，其表示方法为

$$\boldsymbol{B}=\begin{bmatrix}X_{Bx}&Y_{Bx}&Z_{Bx}\\X_{By}&Y_{By}&Z_{By}\\X_{Bz}&Y_{Bz}&Z_{Bz}\end{bmatrix}$$

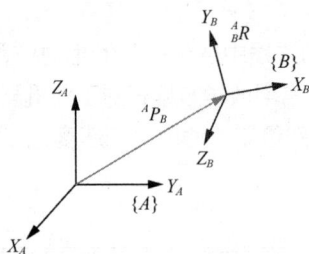

图 3-3 空间坐标系的关系

【技能训练】

3.1.4 空间坐标系的表示方法

如图 3-4 所示，以棱长为 1 的正方体 $ABCD$-$A_1B_1C_1D_1$ 的棱 DA、DC、DD_1 所在的直线为坐标轴，建立空间直角坐标系，完成表 3-1。

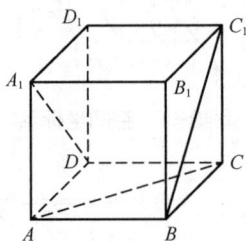

图 3-4 正方体 $ABCD$-$A_1B_1C_1D_1$

表 3-1　填写各对象的对应坐标

对象	坐标
点 A_1	
点 B	
D_1A_1	
BB_1	
面 AA_1B_1B 对角线的交点	

3.2　工业机器人的运动学

【相关知识】

工业机器人运动学研究的是两个方面的问题：正运动学（正解）和逆运动学（逆解）。正运动学是指在已知工业机器人各个关节的运动条件下，建立工业机器人运动学方程，求解末端执行器的运动规律的过程；逆运动学是指在已知末端执行器完成工作的条件下，求解各个关节的位姿的过程。

在工业机器人的实际控制过程中，首先根据工作任务了解到末端执行器的位姿，然后依据逆运动学的方法求解出各个关节的运动变量，控制器得到关节变量的控制指令后，向各个关节的电动机发送驱动命令，随后各个关节运动到相应位置，末端执行器达到指定位姿。逆运动学是机器人核心控制算法的基础，而正运动学又是逆运动学的基础。工业机器人关节有旋转和平移两种运动形式，都可以用矩阵的形式来表达，通过矩阵的乘法来进行坐标转换，是分析工业机器人运动学的基础。

3.2.1　工业机器人位姿描述

在工业机器人的末端执行器上建立笛卡儿坐标系，即相对坐标系，这个坐标系的空间表达方法即相对位置，工业机器人的位姿即相对坐标系在绝对坐标系下的投影。

1. 坐标系中点的位置的描述

在笛卡儿坐标系（相对坐标系）$\{A\}$ 中，空间中任一点 P 的位置 ^AP 可以用矩阵的方式表达为

$$^A\boldsymbol{P} = \begin{bmatrix} P_x \\ P_y \\ P_z \end{bmatrix} = \begin{bmatrix} P_x & P_y & P_z \end{bmatrix}^T$$

微课：工业机器人位姿描述

其中，P_x、P_y、P_z 分别为点 P 在相对坐标系中 x、y、z 3 个坐标轴上的分量，坐标系 $\{A\}$ 为点 P 选定的参考坐标系。

2. 坐标系中点的齐次坐标的描述

齐次坐标是指用一个 4×1 的列向量表示点 P 在笛卡儿坐标系 $\{A\}$ 中的位置，这个列向量即 P 点的齐次坐标。

$$\boldsymbol{P} = \begin{bmatrix} P_x \\ P_y \\ P_z \\ 1 \end{bmatrix} = \begin{bmatrix} P_x & P_y & P_z & 1 \end{bmatrix}^T$$

在这里，因齐次坐标的表示方法不唯一，我们将列向量同乘以一个非零的因子 ω ，仍然代表点 P 的齐次坐标，其中， $a=\omega p_x$ 、 $b=\omega p_y$ 、 $c=\omega p_z$ ，即

$$P=\begin{bmatrix} P_x \\ P_y \\ P_z \\ 1 \end{bmatrix}=\begin{bmatrix} P_x & P_y & P_z & 1 \end{bmatrix}^{\mathrm{T}}=\begin{bmatrix} a & b & c & \omega \end{bmatrix}^{\mathrm{T}}$$

3. 坐标系中坐标轴的描述

如图 3-5 所示， i 、 j 、 k 分别是空间坐标系中 x 、 y 、 z 坐标轴的单位向量，如果用齐次坐标来描述 x 、 y 、 z 坐标轴，则 3 个坐标轴的单位向量的矩阵形式为

$$i=\begin{bmatrix} 1 \\ 0 \\ 0 \\ 0 \end{bmatrix}, \quad j=\begin{bmatrix} 0 \\ 1 \\ 0 \\ 0 \end{bmatrix}, \quad k=\begin{bmatrix} 0 \\ 0 \\ 1 \\ 0 \end{bmatrix}$$

如图 3-5 所示，假设向量 $\overrightarrow{OA}$ 的单位向量为 v ，其矩阵形式可以表示为

$$v=\begin{bmatrix} \cos\alpha \\ \cos\beta \\ \cos\gamma \\ 0 \end{bmatrix}=\begin{bmatrix} \cos\alpha & \cos\beta & \cos\gamma & 0 \end{bmatrix}^{\mathrm{T}}$$

图 3-5　空间坐标系中
坐标轴的描述

矩阵中， α 、 β 、 γ 分别为单位向量 v 与坐标轴 x 、 y 、 z 的夹角，且分别满足 $0°\leqslant\alpha\leqslant180°$ 、 $0°\leqslant\beta\leqslant180°$ 、 $0°\leqslant\gamma\leqslant180°$ ， $\cos\alpha$ 、 $\cos\beta$ 、 $\cos\gamma$ 称为单位向量 v 的方向余弦，并且有 $\cos^2\alpha+\cos^2\beta+\cos^2\gamma=1$ 。

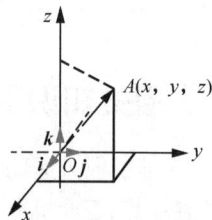

当齐次坐标矩阵中第 4 个元素不为零时，表示的是空间某一点的位置坐标；当齐次坐标矩阵中第 4 个元素为零，并且满足前 3 个元素的平方和为 1 时，表示的是某个向量的单位向量，矩阵为方向矩阵；前 3 个元素的平方和不等于零时，即 $A=(a,b,c,0)$ 并且 $a^2+b^2+c^2\neq0$ ，表示的是空间坐标系中的无穷点，其中， x 轴上的无穷点 $[a\ \ 0\ \ 0\ \ 0]^{\mathrm{T}}$ 表示 x 轴上的任一点， y 轴上的无穷点 $[0\ \ b\ \ 0\ \ 0]^{\mathrm{T}}$ 表示 y 轴上的任一点， z 轴上的无穷点 $[0\ \ 0\ \ c\ \ 0]^{\mathrm{T}}$ 表示 z 轴上的任一点。 $a>0$ ， $b>0$ ， $c>0$ 分别表示 x 、 y 、 z 轴的正方向， $a<0$ ， $b<0$ ， $c<0$ 则表示负方向。

在这里定义坐标原点的齐次坐标为 $[0\ \ 0\ \ 0\ \ \alpha]^{\mathrm{T}}$ ， $\alpha\neq0$ 。

在工业机器人中，我们最关心的是末端执行器（手爪）位置的齐次坐标，其齐次坐标由末端执行器的坐标系（相对坐标系即笛卡儿坐标系）的原点及其旋转和平移矩阵来描述，其位置的齐次坐标用矩阵（4×4）描述为

$$A=\begin{bmatrix} n_x & o_x & a_x & A_x \\ n_y & o_y & a_y & A_y \\ n_z & o_z & a_z & A_z \\ 0 & 0 & 0 & 1 \end{bmatrix}$$

3.2.2　齐次变换和运算

工业机器人在运动时，运动的形式分为平移运动、旋转运动、平移与旋转相复合的运动 3 种基本形式，为了方便了解和准确计算工业机器人各个关节的位置，通常用矩阵的形式表示和运算，一

般矩阵的运算形式为相乘，即通过几个齐次坐标矩阵相乘的形式得到准确的位置和姿态，齐次坐标的转换分为平移、旋转及复合变换 3 种形式，均通过矩阵基本运算来表述。

1. 平移变换

如果工业机器人某一个关节在不变的状态下发生位置的变化，也就是发生纯平移的运动，在这种情况下，坐标系没有发生变化，单位向量也没有发生变化，变化的只是 3 个坐标轴的数值。

如图 3-6 所示，A 为空间坐标系中的某一点，其坐标为 (x, y, z)，经过平移运动之后得到 A'，其坐标为 (x', y', z') 并且满足表达式

$$\begin{cases} x' = x + \Delta x \\ y' = y + \Delta y \\ z' = z + \Delta z \end{cases} 或者 \begin{bmatrix} x' \\ y' \\ z' \end{bmatrix} = \begin{bmatrix} x + \Delta x \\ y + \Delta y \\ z + \Delta z \end{bmatrix} 或者 \begin{bmatrix} x' \\ y' \\ z' \end{bmatrix} = \begin{bmatrix} x \\ y \\ z \end{bmatrix} + \begin{bmatrix} \Delta x \\ \Delta y \\ \Delta z \end{bmatrix}$$

如果用齐次坐标形式表示，可表达为

$$A = \begin{bmatrix} x \\ y \\ z \\ 1 \end{bmatrix}, \quad A' = \begin{bmatrix} x' \\ y' \\ z' \\ 1 \end{bmatrix} = \begin{bmatrix} 1 & 0 & 0 & \Delta x \\ 0 & 1 & 0 & \Delta y \\ 0 & 0 & 1 & \Delta z \\ 0 & 0 & 0 & 1 \end{bmatrix} \begin{bmatrix} x \\ y \\ z \\ 1 \end{bmatrix}$$

图 3-6　空间坐标系中点的平移

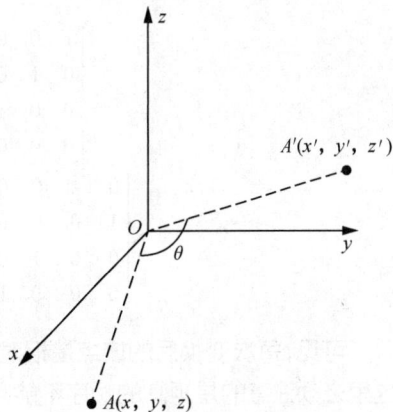

在这里我们把 $(\Delta x, \Delta y, \Delta z)$ 称为平移算子，即

$$\text{Trans}(\Delta x, \Delta y, \Delta z) = \begin{bmatrix} 1 & 0 & 0 & \Delta x \\ 0 & 1 & 0 & \Delta y \\ 0 & 0 & 1 & \Delta z \\ 0 & 0 & 0 & 1 \end{bmatrix}$$

则公式可以表示为 $A' = \text{Trans}(\Delta x, \Delta y, \Delta z) \begin{bmatrix} x \\ y \\ z \\ 1 \end{bmatrix}$。

其中，$(\Delta x, \Delta y, \Delta z)$ 分别为点 A 沿 x、y、z 轴方向的平移量，并且是位于矩阵的第 4 列的前 3 的元素。

2. 旋转变换

如图 3-7 所示，A 为空间坐标系中的某一点，其坐标为 (x, y, z)，绕 z 轴旋转 θ 角之后得到 A'，其坐标为 (x', y', z')，由于是绕 z 轴旋转得到的，因此 z 轴的坐标前后不变，A' 满足表达式

$$\begin{cases} x' = x \cdot \cos\theta - y \cdot \sin\theta \\ y' = x \cdot \sin\theta + y \cdot \cos\theta \\ z' = z \end{cases}$$

用矩阵形式表示为

$$A' = \begin{bmatrix} x' \\ y' \\ z' \end{bmatrix} = \begin{bmatrix} \cos\theta & -\sin\theta & 0 \\ \sin\theta & \cos\theta & 0 \\ 0 & 0 & 1 \end{bmatrix} \begin{bmatrix} x \\ y \\ z \end{bmatrix}$$

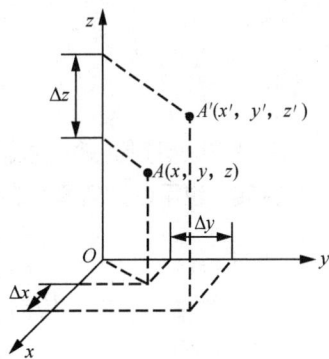

图 3-7　空间坐标系中点的旋转

如果 A、A' 点用齐次坐标的形式表示，则可以得到绕 z 轴的齐次变换矩阵，其表示为

$$A = \begin{bmatrix} x \\ y \\ z \\ 1 \end{bmatrix}, \quad A' = \begin{bmatrix} \cos\theta & -\sin\theta & 0 & 0 \\ \sin\theta & \cos\theta & 0 & 0 \\ 0 & 0 & 1 & 0 \\ 0 & 0 & 0 & 1 \end{bmatrix} \begin{bmatrix} x \\ y \\ z \\ 1 \end{bmatrix}$$

在这里我们把 $\mathrm{Rot}(z,\theta)$ 称为绕 z 轴的旋转算子，其表达式为

$$\mathrm{Rot}(z,\theta) = \begin{bmatrix} \cos\theta & -\sin\theta & 0 & 0 \\ \sin\theta & \cos\theta & 0 & 0 \\ 0 & 0 & 1 & 0 \\ 0 & 0 & 0 & 1 \end{bmatrix}$$

同理可以得到绕 x 轴的旋转算子 $\mathrm{Rot}(x,\theta)$ 和绕 y 轴的旋转算子 $\mathrm{Rot}(y,\theta)$。θ 可以为正值，表示顺时针旋转；也可以为负值，表示逆时针旋转。

$$\mathrm{Rot}(x,\theta) = \begin{bmatrix} 1 & 0 & 0 & 0 \\ 0 & \cos\theta & -\sin\theta & 0 \\ 0 & \sin\theta & \cos\theta & 0 \\ 0 & 0 & 0 & 1 \end{bmatrix}, \quad \mathrm{Rot}(y,\theta) = \begin{bmatrix} \cos\theta & 0 & \sin\theta & 0 \\ 0 & 1 & 0 & 0 \\ -\sin\theta & 0 & \cos\theta & 0 \\ 0 & 0 & 0 & 1 \end{bmatrix}$$

3. 复合变换

当工业机器人同时进行平移和旋转运动时，根据矩阵的基本运算规则，只要把矩阵相乘即可得到相应的矩阵。同时，工业机器人的任何一个运动也可以分解为平移和旋转两种运动形式，运动的分解形式对矩阵乘法运算的顺序有一定影响，一般遵循的原则为先运动的后乘，后运动的先乘，列出运动方程之后按照正常的运算顺序进行计算，结果即工业机器人关节运动后的位置和姿态坐标。

工业机器人先平移后旋转时，则 $A' = \mathrm{Rot}(x 或 y 或 z, \theta)\mathrm{Trans}(\Delta x, \Delta y, \Delta z)A$。

工业机器人先旋转后平移时，则 $A' = \mathrm{Trans}(\Delta x, \Delta y, \Delta z)\mathrm{Rot}(x 或 y 或 z, \theta)A$。

前文讲的都是关于点的坐标形式，运算规律同样适用于向量、坐标系、物体等齐次坐标的计算。

【案例】已知坐标系中一点 A 的坐标为 $(1,0,2,1)$，绕 x 轴旋转 $90°$，绕 z 轴旋转 $90°$，再沿着 z 轴平移 5 后到达 A' 点，求此时 A' 点的位置。

A' 点位置的计算公式为 $A' = \mathrm{Trans}(0,0,5)\mathrm{Rot}(z,90°)\mathrm{Rot}(x,90°)A$，即

$$A' = \begin{bmatrix} 1 & 0 & 0 & 0 \\ 0 & 1 & 0 & 0 \\ 0 & 0 & 1 & 5 \\ 0 & 0 & 0 & 1 \end{bmatrix} \begin{bmatrix} 0 & -1 & 0 & 0 \\ 1 & 0 & 0 & 0 \\ 0 & 0 & 1 & 0 \\ 0 & 0 & 0 & 1 \end{bmatrix} \begin{bmatrix} 1 & 0 & 0 & 0 \\ 0 & 0 & -1 & 0 \\ 0 & 1 & 0 & 0 \\ 0 & 0 & 0 & 1 \end{bmatrix} \begin{bmatrix} 1 \\ 0 \\ 2 \\ 1 \end{bmatrix} =$$

$$\begin{bmatrix} 0 & -1 & 0 & 0 \\ 1 & 0 & 0 & 0 \\ 0 & 0 & 1 & 0 \\ 0 & 0 & 0 & 1 \end{bmatrix} \begin{bmatrix} 1 & 0 & 0 & 0 \\ 0 & 0 & -1 & 0 \\ 0 & 1 & 0 & 0 \\ 0 & 0 & 0 & 1 \end{bmatrix} \begin{bmatrix} 1 \\ 0 \\ 2 \\ 1 \end{bmatrix} = \begin{bmatrix} 0 & 0 & 1 & 0 \\ 1 & 0 & 0 & 0 \\ 0 & 1 & 0 & 0 \\ 0 & 0 & 0 & 1 \end{bmatrix} \begin{bmatrix} 1 \\ 0 \\ 2 \\ 1 \end{bmatrix} = \begin{bmatrix} 2 \\ 1 \\ 2 \\ 1 \end{bmatrix}$$

可见，每次变换后的该点是相对于参考坐标系的坐标通过每个变换矩阵左乘该点的坐标得到的，这里必须注意的是矩阵的顺序不能随便改变，对于参考坐标系的每次变换，矩阵都必须是左乘，矩阵书写计算的顺序和变换的顺序正好相反。

3.2.3　工业机器人的技术参数

工业机器人的技术参数反映了机器人可胜任的工作、具有的最高操作性能等情况，是设计、应用机器人必须考虑的问题，机器人的主要技术参数有自由度、关节、工作空间、工作速度、工作载荷、分辨率、精度等。

1. 刚体的表示方法

在外力的作用下，物体的形状和大小都保持不变，并且物体的内部也保持原有的状态，这种理想的模型我们称为刚体，刚体的假设和定义如下。

刚体在平移运动过程中，内部的任意两点连线都保持平行；刚体在运动过程中，任意一点质元的速度、加速度、位移等都是相同的，因此后续我们研究物体只研究刚体的质心运动。那么一个物体可以用这样的方法表示，通过在物体的质心上面建立一个固定坐标系，再将坐标系用空间的表示方法表示出来，该物体的位置和姿态就是已知的。用空间坐标系的表示方法可以表示物体的姿态，其中物体在 3 个坐标轴上的 3 个向量用 $\boldsymbol{n}$、$\boldsymbol{o}$、$\boldsymbol{a}$ 表示，物体的质心用 A 表示，则其矩阵形式可以表达为

$$A = \begin{bmatrix} n_x & o_x & a_x & A_x \\ n_y & o_y & a_y & A_y \\ n_z & o_z & a_z & A_z \\ 0 & 0 & 0 & 1 \end{bmatrix}$$

另外，空间一个点的自由度有 3 个，分别为沿着 3 个坐标轴的移动，但是空间物体的自由度有 6 个，分别为沿着 3 个坐标轴的移动和绕 3 个坐标轴的旋转。上述矩阵有 16 个元素，其中最后一行的 4 个元素为比例因子，12 个元素表达了物体的位置和姿态的信息。其中 9 个元素为姿态信息 $\begin{bmatrix} n_x & o_x & a_x \\ n_y & o_y & a_y \\ n_z & o_z & a_z \end{bmatrix}$，3 个元素为位置信息 $\begin{bmatrix} A_x \\ A_y \\ A_z \end{bmatrix}$。

2. 工业机器人的主要技术参数

（1）自由度

机器人的自由度是指确定机器人手部在空间的位置和姿态时所需要的独立运动参数的数目。手指的开、合以及手指关节的自由度一般不包括在内。机器人的自由度数一般等于关节数目，常用的自由度数一般不超过 6 个。如图 3-8 所示，工业机器人的自由度为 6 个，均为旋转形式。

（2）关节

关节即运动副，是允许机器人手臂各零件之间发生相对运动的机构。工业机器人关节的类型划分为：机器人 R 关节、B 关节和 Y 关节，这 3 个字母是英文单词的缩写，意思分别是翻转回转（Roll，R）、弯曲折曲（Bend，B）和偏转（Yaw，Y），让机器人手臂实现空间内 3 个方向的转动。平动关节（Prismatic Joint）也称为移动副，

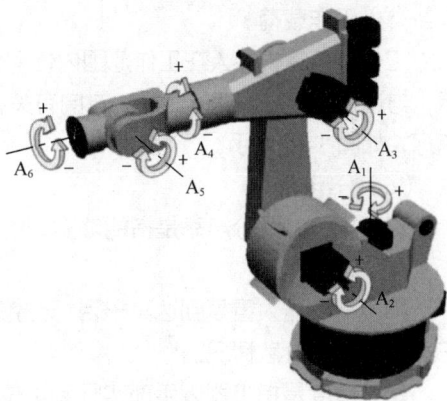

图 3-8　6 自由度工业机器人

允许连杆做直线移动；转动关节（Revolute Joint）也称为转动副，允许连杆做旋转运动。表 3-2 所示为几个关节名称符号。

表 3-2　关节名称符号

名称	图形	简图符号	副级	自由度	名称	图形	简图符号	副级	自由度
球面高副	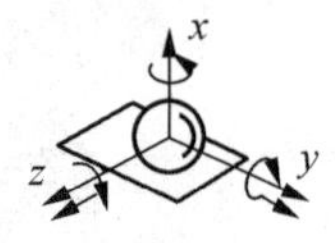		I	5	圆柱套筒副	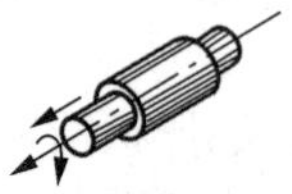		IV	2
柱面高副	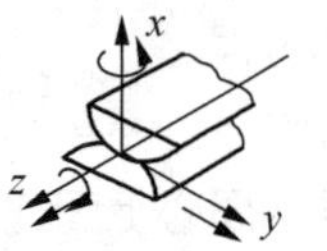	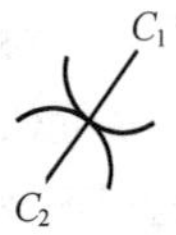	II	4	转动副		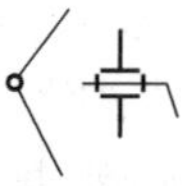	V	1
球面低副	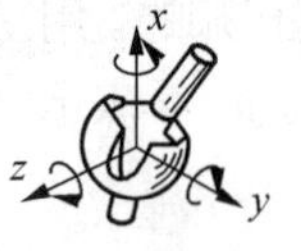		III	3	移动副	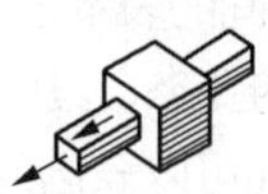	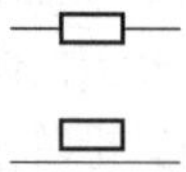	V	1
球销副	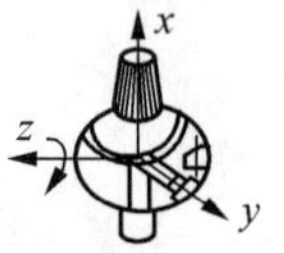		IV	2	螺旋副		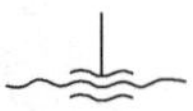	V	1

（3）工作空间

机器人的工作空间是指机器人末端参考点所能达到的空间点的集合，其大小代表了机器人的活动范围，是衡量机器人工作能力的一个重要的运动学指标，可以分为可达工作空间和应用工作空间，前者定义为在三维空间不同关节运动所达到的末端执行器的所有空间位置的集合；后者是指在工业生产环境下，真正使用的机器人工作空间。在机器人的设计、控制及应用过程中，机器人工作空间是一个需要考虑的重要问题。机器人的工作空间如图 3-9 所示。

（4）工作速度

工作速度指机器人在工作载荷条件下、匀速运动过程中，机械接口中心点或工具中心点在单位时间内所移动的距离或转动的角度。

（5）工作载荷

工作载荷指机器人在工作范围内任何位置上所能承受的最大负载，一般用质量、力矩、惯性矩表示，与运行速度和加速度大小、方向有关，一般规定以高速运行时所能抓取的工件质量作为承载能力指标，如图 3-10 所示。

（6）分辨率

工业机器人的分辨率是指能够实现的最小移动距离或最小转动角度。

（7）精度

精度指机器人重复到达某一目标位置的差异程度，或在相同的位置指令下，机器人连续重复若干次其位置的分散情况。

定位精度是指机器人手部实际到达位置和目标位置之间的差异；重复定位精度是指机器人重新定位其手部于同一目标位置的能力，可以用标准偏差这个统计量来表示。

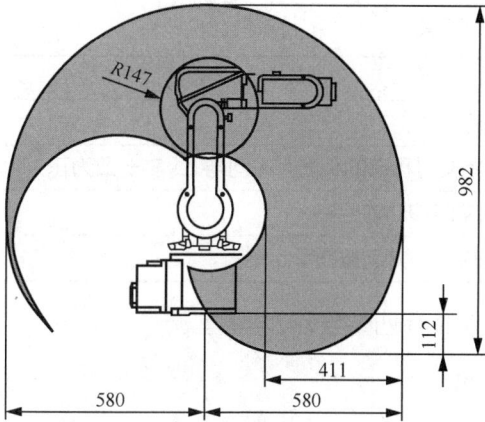

图 3-9 机器人工作空间

图 3-10 工业机器人工作载荷

3.2.4 工业机器人的正运动学方程

机器人运动学重点研究的是手部的末端执行器，而手部的位姿与机器人各个关节的运动形式、各个杆件的尺寸、连接方式等都有直接关系，因此在研究末端执行器的位置和姿态时，需要了解相邻杆件之间的相互关系，并建立杆件坐标系。

为了清楚地表示工业机器人相邻连杆之间的关系，我们采用 D-H 四参数法建立工业机器人的齐次变换矩阵，获得机器人的正运动学模型，D-H 模型具有结构参数简单明确、控制方便、易于整合计算等优势。在进行正运动学分析时，首先要建立连杆坐标系，并给出相邻连杆坐标系之间的齐次变换矩阵，再通过将相邻连杆坐标系的齐次变换矩阵相叠乘，最终得到末端坐标系相对于机器人基坐标系的空间位姿。

如图 3-11 所示，相邻关节 i 和 $i+1$ 的关系参数可由连杆转角和连杆之间的距离描述，根据 D-H 方法定义的连杆坐标系和连杆参数规则，分别定义连杆 i 的坐标系和连杆参数，如表 3-3、表 3-4 所示。

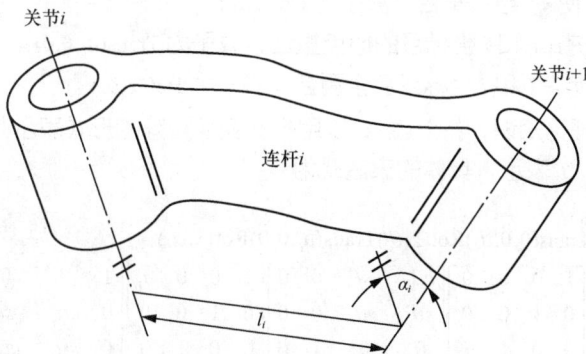

图 3-11 相邻关节坐标系

表 3-3 连杆 i 的坐标系

符号	定义
原点 O_i	连接关节 i 的两轴线的公垂线与关节 $i+1$ 的轴线的交点
x_i 轴	与关节 $i+1$ 的轴线重合，方向任意指定
y_i 轴	沿连接关节 i 的两轴线的公垂线，指向关节 $i+1$
z_i 轴	方向按右手定则

表 3-4　连杆参数的定义

符号	定义
θ_i	x_{i-1} 轴绕 z_{i-1} 轴转至与 x_i 轴平行时的转角，方向按右手定则
d_i	x_{i-1} 轴沿 z_{i-1} 轴方向移动至与 x_i 轴相交时移动的距离，方向与 z_{i-1} 轴一致为正
a_i	z_{i-1} 轴沿 x_i 轴方向移动至与 z_i 轴相交时移动的距离
α_i	z_{i-1} 轴绕 x_i 轴转至与 z_i 轴平行时的转角，方向按右手定则

如图 3-12 所示，以典型的 PUMA 机器人为例，建立 D-H 四参数运动学模型。

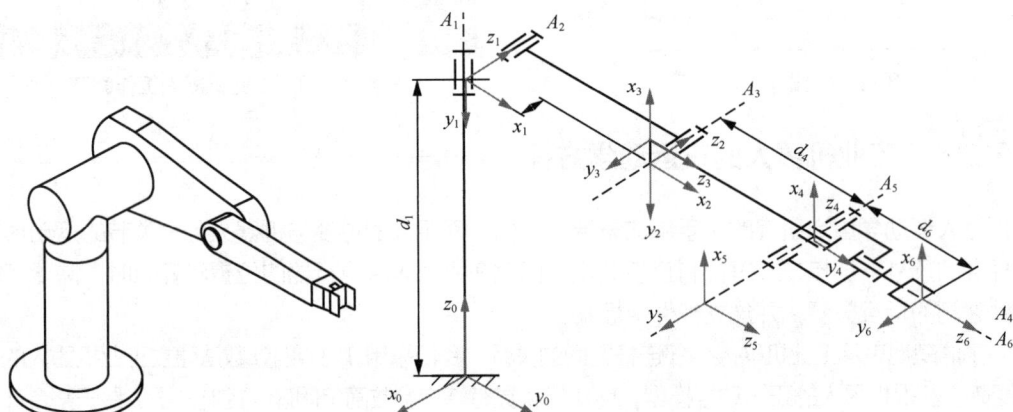

图 3-12　典型的 PUMA 机器人

建立了各连杆坐标系之后，$i-1$ 和 i 坐标系之间的变换可以用如下 4 步坐标的平移和旋转来实现。

（1）沿 z_{i-1} 平移 d_i，使 x_{i-1} 与 x_i 相交，算子为 $\text{Trans}(0,0,d_i)$。

（2）绕 z_{i-1} 旋转 θ_i，使 x_{i-1} 与 x_i 重合，算子为 $\text{Rot}(z,\theta_i)$。

（3）沿 x_i 平移 a_i，使 $i-1$ 和 i 坐标系的原点重合，算子为 $\text{Trans}(a_i,0,0)$。

（4）绕 x_i 旋转 α_i，使 $i-1$ 和 i 坐标系完全重合，算子为 $\text{Rot}(x,\alpha_i)$。

根据刚体的运动学理论知识，将上述 4 步用齐次变换矩阵的形式表示并连乘，则由坐标系 $i-1$ 到 i 之间的变换关系用 $^{i-1}T_i$ 表示，具体的表达式为

$$^{i-1}\boldsymbol{T}_i = \text{Trans}(0,0,d_i)\text{Rot}(z,\theta_i)\text{Trans}(a_i,0,0)\text{Rot}(x,\alpha_i)$$

$$= \begin{bmatrix} 1 & 0 & 0 & 0 \\ 0 & 1 & 0 & 0 \\ 0 & 0 & 1 & d_i \\ 0 & 0 & 0 & 1 \end{bmatrix} \begin{bmatrix} c\theta_i & -s\theta_i & 0 & 0 \\ s\theta_i & c\theta_i & 0 & 0 \\ 0 & 0 & 1 & 0 \\ 0 & 0 & 0 & 1 \end{bmatrix} \begin{bmatrix} 1 & 0 & 0 & a_i \\ 0 & 1 & 0 & 0 \\ 0 & 0 & 1 & 0 \\ 0 & 0 & 0 & 1 \end{bmatrix} \begin{bmatrix} 1 & 0 & 0 & 0 \\ 0 & c\alpha_i & -s\alpha_i & 0 \\ 0 & s\alpha_i & c\alpha_i & 0 \\ 0 & 0 & 0 & 1 \end{bmatrix}$$

$$= \begin{bmatrix} c\theta_i & -s\theta_i c\alpha_i & s\theta_i s\alpha_i & a_i c\theta_i \\ s\theta_i & c\theta_i c\alpha_i & -c\theta_i s\alpha_i & a_i s\theta_i \\ 0 & s\alpha_i & c\alpha_i & d_i \\ 0 & 0 & 0 & 1 \end{bmatrix}$$

为了使公式书写更加简单，这里把三角函数进行了简写，其中 $\sin\theta_i = s\theta_i$、$\cos\theta_i = c\theta_i$、$\sin\alpha_i = s\alpha_i$、$\cos\alpha_i = c\alpha_i$。

在实际中操作、设计工业机器人的时候，常常使一些连杆的参数取特殊的数值，如 $\alpha_i = 0°$ 或 $90°$，$d_i = 0$ 或 $a_i = 0$，这样使齐次变换矩阵 $^{i-1}T_i$ 变得比较简单，同时使后续的轨迹规划、控制设计变得简单。

一般地，我们对工业机器人的每一个关节都建立一个坐标系，并用齐次坐标矩阵的形式表达各个坐标系之间的相对位置，通常我们用 A_i 表示一个关节坐标系与下一个关节坐标系之间的相对位置关系，来描述相连关节坐标系之间的平移和旋转运动。

A_0 表示机身的坐标系（固定坐标系），A_1 表示第一个关节与机身坐标系之间的相对位置关系，A_2 表示第二个关节与第一个关节之间的相对位置关系，以此类推，可以得到工业机器人手部的坐标系与机身之间的齐次变换矩阵，表达式为

$$A_1 A_2 A_3 \cdots A_{n-1} A_n$$

实际生产中，常用到的机器人为 6 自由度工业机器人，如图 3-13 所示。

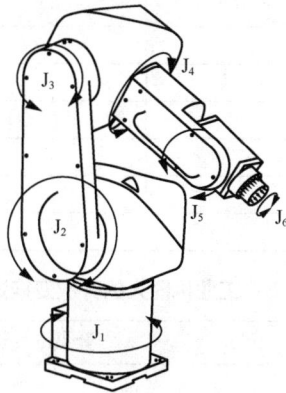

图 3-13　6 自由度工业机器人

机器人的手部相对于前一个关节的齐次变换矩阵为 A_6，相对于关节 $i-1$ 坐标系的齐次变换矩阵为

$$^{i-1}T_6 = A_i A_{i+1} \cdots A_6$$

机器人手部的末端执行器相对于机身固定坐标系的齐次变换矩阵为

$$^0T_6 = A_1 A_2 A_3 A_4 A_5 A_6$$

这个矩阵即工业机器人的正运动学方程。

3.2.5　工业机器人的逆运动学方程

在操纵工业机器人作业时，一般都是已知各个关节的位置和姿态，需要求解出机器人末端执行器的位置和姿态，从而准确控制各个关节的电动机，使机器人按照预定的轨迹运动作业。已知机器人末端执行器的位姿，求解各个关节位姿的过程称为工业机器人的逆运动学计算。

具体的逆运动学计算过程如下表达式所示。

$$\begin{cases} A_1^{-1}\,{}^0T_6 = A_2 A_3 A_4 A_5 A_6 & {}^1T_6 = A_2 A_3 A_4 A_5 A_6 \\ A_2^{-1} A_1^{-1}\,{}^0T_6 = A_3 A_4 A_5 A_6 & {}^2T_6 = A_3 A_4 A_5 A_6 \\ A_3^{-1} A_2^{-1} A_1^{-1}\,{}^0T_6 = A_4 A_5 A_6 & {}^3T_6 = A_4 A_5 A_6 \\ A_4^{-1} A_3^{-1} A_2^{-1} A_1^{-1}\,{}^0T_6 = A_5 A_6 & {}^4T_6 = A_5 A_6 \\ A_5^{-1} A_4^{-1} A_3^{-1} A_2^{-1} A_1^{-1}\,{}^0T_6 = A_6 & {}^5T_6 = A_6 \end{cases}$$

这里需要注意，逆运动学求解过程比较复杂，可能出现误解或者多解的情况。

【技能训练】

3.2.6 计算 6 自由度工业机器人的齐次变换矩阵

对于图 3-13 表示的 6 自由度工业机器人，请自行确定 D-H 参数，并完成表 3-5，然后填写表 3-6 中的齐次变换矩阵。

表 3-5 工业机器人的 D-H 参数表

关节 i	θ_i	d_i	a_i	α_i	关节变量范围
1					
2					
3					
4					
5					
6					

表 3-6 工业机器人的齐次变换矩阵

齐次变换矩阵	矩阵表示形式
${}^{0}T_{6}$	
${}^{1}T_{6}$	
${}^{2}T_{6}$	
${}^{3}T_{6}$	
${}^{4}T_{6}$	
${}^{5}T_{6}$	

3.3 工业机器人的动力学

工业机器人的动力学主要研究机器人各个关节瞬时的速度、加速度、位移、电动机输出力矩或者力之间的关系，这就是机械系统动力学运动方程，即机器人动态运动的特性。机器人动力学方程的求解可分为正动力学和逆动力学两种不同性质的问题。

1. 机器人的正动力学

机器人的正动力学研究已知机器人各个执行器的驱动力或者驱动力矩，求解机器人关节变量在空间的轨迹或者末端执行器在笛卡儿坐标系中的空间轨迹。

2. 机器人的逆动力学

机器人的逆动力学研究关节变量在空间的轨迹已经确定或者末端执行器在笛卡儿坐标系中的空间轨迹已经确定的前提下，求解机器人各个执行器的输出力矩或者力。

【模块小结】

通过对本模块的学习，同学们能够了解空间坐标系中点、线、坐标系的表示方法，并能准确计算出机器人各个关节齐次坐标矩阵，列写工业机器人的正运动学和逆运动学方程，并了解工业机器人在实际生产中的应用，了解工业机器人的动力学方程的建立思想。

【巩固练习】

一、填空题

1. 原点位于工具上的坐标系称为_____。

2. 机器人运动学问题是指_____。

3. 工业机器人的正运动学方程是已知_____，求解_____。

4. 工业机器人的逆运动学方程是已知_____，求解_____。

二、简答题

1. 推导工业机器人绕 x 轴旋转 θ 角的旋转变换矩阵。

2. 简述机器人正运动学与逆运动学的区别。

3. 工业机器人有哪些常用的坐标？各自的作用是什么？

4. 常用的姿态表示方法有哪些？各自的特点是什么？

5. 有一旋转变换，先绕固定坐标系 z 轴旋转 45°，再绕 x 轴旋转 30°，最后绕其 y 轴旋转 60°，求该坐标的变换矩阵。

模块4
工业机器人的传感部分

04

【学习导读】

随着我国产业转型，智能制造技术日新月异，为了完成更复杂、更灵活的任务，对工业机器人的智能程度和自主性要求也越来越高。工业机器人智能化过程中，必不可少的是信息反馈，这就要依赖传感器技术。

在一个偌大的工厂里，即使一个人也没有，通过传感器的数据收集，控制系统也可以检测、反馈上千台工业机器人的运行状况。从专利申请的角度来看，近些年我国一直是全球传感器第一大技术来源国，截至 2021 年 8 月，我国传感器专利申请量占全球传感器专利总申请量的 30.86%。可见，我国传感器的发展迅猛。

通过对本模块的学习，同学们将会掌握工业机器人传感器的类型、原理、使用方法、选型等，有助于提升自己解决实际问题的能力，也为顺应时代要求、培养高水平的技术技能人才打下基础。

【学习目标】

知识目标
- 了解工业机器人传感器的定义、分类和性能指标；
- 了解内部传感器的工作原理及使用范围；
- 了解外部传感器的工作原理及使用范围；
- 掌握多种传感器的综合应用。

技能目标
- 能对各类传感器进行准确的分类；
- 能准确把握各类传感器的性能指标以及应用范围；
- 能够根据具体的应用场合选择适当的传感器。

素养目标
- 夯实基础，提升对知识的总结和深入思考的能力；
- 培养工程意识、绿色生产意识，正确选用传感器；
- 提升自主探究能力和团队协作能力；
- 通过传感器选型训练，提升学生的劳动精神和工匠精神。

【思维导图】

```
                              工业机器人的传感器
                        ┌─── 工业机器人传感器的分类
                  认识传感器 ─── 传感器的特性分析
                        └─── 工业机器人传感器的特性指标分析

                              位置和位移传感器
                        ┌─── 速度传感器
              工业机器人的内部传感器 ─── 力/扭矩传感器
                        └─── 用光电编码器检测位移量
工业机器人的传感部分
                              接近觉传感器
                        ┌─── 接触觉传感器
              工业机器人的外部传感器 ─── 压觉传感器
                        ├─── 其他智能传感器
                        └─── 区分工业机器人内、外部传感器

                              竞争性融合
                  传感器融合 ─── 互补性融合
                        └─── 传感器融合技术在实际中的应用
```

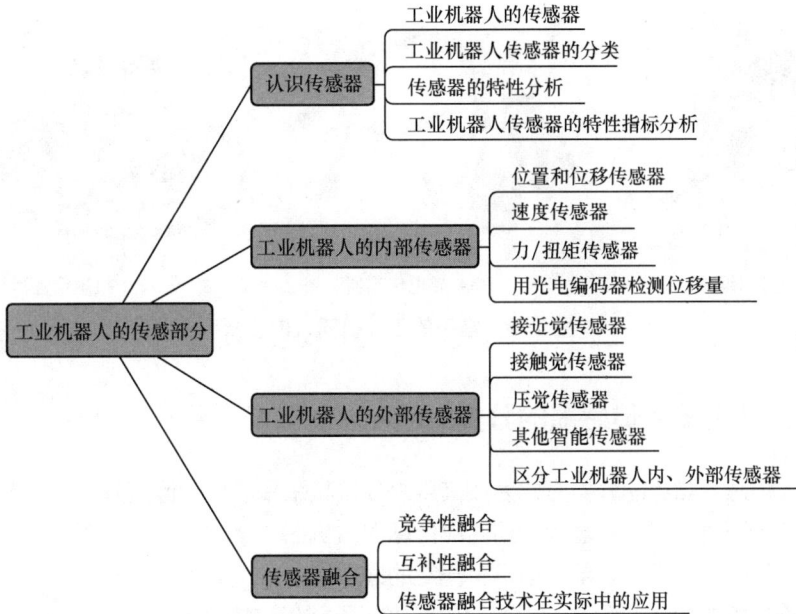

4.1 认识传感器

【相关知识】

传感器是以一定精度测量出物体的物理量（如位移、力、加速度、温度等），并将这些物理量变换成与之有确定对应关系的、易于精确处理和测量的某种电信号（如电压、电流和频率）的检测部件或装置，通常由敏感元件、转换元件、转换电路和辅助电源 4 部分组成，如图 4-1 所示。

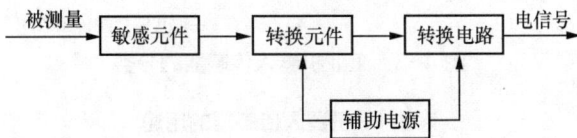

```
被测量 →  敏感元件  →  转换元件  →  转换电路  → 电信号
                            ↑
                        辅助电源
```

图 4-1 传感器的组成

4.1.1 工业机器人的传感器

工业机器人的传感器相当于人的眼、鼻等感官，帮助机器人实现视觉、触觉等一系列的反馈功能，因此机器人传感器组成的系统也被称为机器人的感觉系统。工业机器人感觉系统的基本组成为视觉系统、听觉系统、触觉系统、力觉系统、平衡觉系统等。

给机器人装备什么样的传感器，对这些传感器有什么要求，是设计机器人感觉系统时要考虑的首要问题。机器人传感器的选择应当取决于机器人的工作需要和应用特点。对工业机器人传感器的一般要求有精度高，重复性好，稳定性和可靠性好，抗干扰能力强，质量轻，体积小，安装方便。

其特定要求有满足加工任务的要求，满足机器人控制的要求，满足安全性的要求以及满足其他辅助工作的要求。图 4-2 所示为常见的工业机器人传感器。

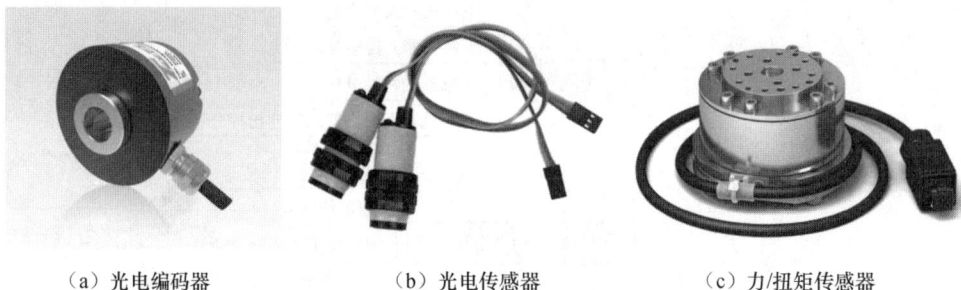

（a）光电编码器　　　　　　　（b）光电传感器　　　　　　　（c）力/扭矩传感器

图 4-2　常见的工业机器人传感器

4.1.2　工业机器人传感器的分类

　　工业机器人传感器常见的分类方式为按其用途或按其采集信息的位置分类，一般可分为内部传感器和外部传感器两类。工业机器人使用内部传感器对机器人运动、位置及姿态进行精确控制；使用外部传感器，使得机器人对外部环境具有一定的适应能力，从而表现出一定程度的智能性。工业机器人传感器的分类如图 4-3 所示。机器人传感器的用途如表 4-1 所示。

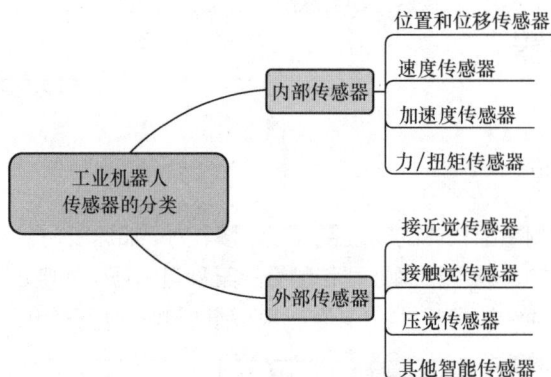

图 4-3　工业机器人传感器的分类

表 4-1　机器人传感器的用途

内部传感器			外部传感器		
用途	检测信息	常用传感器	用途	检测信息	常用传感器
机器人的精确控制	位置、角度、速度、加速度、姿态、方向等	光电开关、光电编码器、电位计、差动变压器、旋转变压器、测速发电机、加速计、力/扭矩传感器等	了解机器人周围环境或工件的状态，实现灵活有效操作工件	工件和环境：形状、位置、范围、质量、姿态、速度等。机器人和环境：位姿、速度、加速度等。对工件的操作：非接触（距离、位姿等）、接触（障碍、碰撞检测等）、触觉（接触觉、压觉、滑觉）、夹持力等	接近觉传感器；接触觉传感器；电容传感器、电感传感器；限位传感器；压觉传感器；视觉传感器；光学测距传感器、超声测距传感器等

1. 工业机器人常用的内部传感器

内部传感器安装在操作机内部，在伺服控制系统中作为反馈信号的检测装置，主要用于帮助机器人了解自身状态。通过内部传感器，工业机器人可以感知自身的位置和状态变化。具体的检测对象有：关节的线位移、角位移等几何量，速度、角速度、加速度等运动量，还有电动机力/扭矩等物理量。内部传感器是机器人反馈控制中不可缺少的元件。机器人通过内部传感器检测自身的状态参数，调整和控制机器人本体按照一定的位置、速度、加速度、压力和轨迹等进行工作，内部传感器是机器人运动控制系统的核心元件。按照不同的检测参数，我们可以把内部传感器分为四大类。

（1）位置和位移传感器

① 检测规定位置和角度。根据不同的作业要求，工业机器人末端执行器在运动前往往已经预先规定了移动位置或运动角度。可以用简单开关（也属于传感器）的开和关两个状态值，来标记机器人的起始原点、越限位置或确定位置。

② 检测线位移和角位移。在工业机器人运动过程中，需要实时检测机器人关节线位移和角位移，并将这些位移量反馈给机器人的控制器。用于以上工作的常用传感器有电位计、旋转变压器、光电编码器等。

（2）速度、角速度传感器

速度、角速度测量是工业机器人驱动器反馈控制中常见的环节。有时也利用位置和位移传感器测量速度，即检测单位采样时间的位移量，但这种方法有其局限性，低速时，测量不稳定；高速时，只能获得较低的测量精度。

最通用的速度、角速度传感器是测速发电机和增量式光电编码器。其中，测速发电机又可按其构造分为直流测速发电机、交流测速发电机和感应式交流测速发电机。

（3）加速度传感器

随着工业机器人的发展，我们对生产的速度和精度要求越来越高，生产过程中机器人的振动问题成为亟待解决的关键问题。为了解决振动问题，有时会在机器人的运动手臂等位置安装加速度传感器，测量振动加速度，并把它反馈到驱动器上，通过驱动器的动力调整减少振动。常用的加速度传感器有：

① 应变片加速度传感器；

② 伺服加速度传感器；

③ 压电感应加速度传感器；

④ 其他类型加速度传感器。

加速度传感器并不是工业机器人内部必须安装的传感器，但它作为机器人优化装置，现如今应用也十分广泛。

（4）力/扭矩传感器

机器人的运动需要力，但力的大小需要被合理控制，因此机器人驱动部分需要安装力/扭矩传感器。力/扭矩传感器有不同的尺寸和动态范围，通常安装在机器人的腕部，常见的力/扭矩传感器有 6 轴力传感器、SRI 六维腕力传感器、非径向中心对称三梁腕力传感器等。

2. 工业机器人常用的外部传感器

外部传感器主要用于检测机器人所处环境、外部物体状态或机器人与外部物体的关系，帮助机器人了解周边环境，通常跟目标识别、作业安全等因素有关。该传感器信号一般被用于规划决策层。

根据机器人是否与被测对象接触，外部传感器又可分为接触传感器和非接触传感器。常用的外部传感器有接近觉传感器、接触觉传感器、压觉传感器、视觉传感器等。一些特殊领域所应用的机器人还可能需要具有温度、湿度、压力、滑动量、化学性质等方面感觉能力的传感器。通过外部传感器，工业机器人可以实时了解环境的变化，例如焊缝的位置、物体的颜色和形状等。

4.1.3 传感器的特性分析

传感器的基本特性是指系统的输出、输入关系特性，即被测系统输出信号 $y(t)$ 与输入信号（被测量）$x(t)$ 之间的关系。这些基本特性也被称为传感器的性能指标，主要用于评价和选择传感器。在为工业机器人选择合适的内部传感器和外部传感器时，也要考虑这些基本特性，主要包括最大测量范围、精度、灵敏度、线性度、分辨率、重复性、响应时间、抗干扰能力等。

1. 最大测量范围

最大测量范围是指被测量的最大允许值和最小允许值的区间。一般要求传感器的测量范围必须覆盖机器人相关测量的工作范围。如果无法达到这一要求，可以设法选用某种转换装置，但这样可能会引入某种误差，使传感器的测量精度受到一定影响。

2. 精度

精度是指传感器的允许误差（误差=测量输出值-实际被测量值）与传感器量程的百分比。具体表达式为

$$精度=允许误差/量程 \times 100\% \tag{4-1}$$

例如，一台温度传感器的测温范围为 $0 \sim 500\,℃$，允许误差为 $\pm 5\,℃$，则此传感器的测量精度为 $\pm 1.0\%$，我们称其精度等级为 1.0 级，按照工业传感器的规定，精度等级为精度值去掉"%"和"$\pm$"，并把所得数值圆整到国家规定的精度等级上。国家规定的精度等级有 0.1、0.2、0.5、1.0、1.5、2.5、5.0 级等。

在机器人系统设计中，应该根据系统的工作精度要求选择合适精度的传感器。应该注意，用于检测传感器精度的测量仪器必须具有比传感器高一级的精度，进行精度测量时也需要考虑最坏的工作条件，例如高温、高压、高速等。

3. 灵敏度

传感器输出的变化量 Δy 与引起该变化量的输入变化量 Δx 之比即为灵敏度。具体表达式为

$$K = \frac{\Delta y}{\Delta x} \tag{4-2}$$

传感器的灵敏度就是校准曲线的斜率。

线性传感器特性曲线的斜率处处相同，灵敏度 K 是常数。以拟合直线作为其特性的传感器，也可以认为其灵敏度为一个常数，与输入量的大小无关。非线性传感器的灵敏度不是常数，应以 dy/dx 表示。

4. 线性度

线性度反映了传感器输出信号与输入信号之间的线性程度。假设传感器的输出信号为 y，输入信号为 x，则 y 与 x 的关系可表示为

$$y=bx \tag{4-3}$$

若 b 为常数，或者近似为常数，则传感器的线性度较高；如果 b 是一个变化较大的量，则传感器的线性度较低。机器人控制系统应该选用线性度较高的传感器。实际上，只有在少数情况下，传

感器输出和输入才呈线性关系。在大多数情况下，b 都是 x 的函数，即

$$b=f(x)=a_0+a_1x_1+a_2x_2+\cdots+a_nx_n \tag{4-4}$$

如果传感器的输入量变化不太大，且 $a_1, a_2, \cdots, a_n$ 均远远小于 a_0，那么可以取 $b=a_0$，从而近似地将传感器的输出和输入看成呈线性关系。常用的线性化方法有割线法、最小二乘法、最小误差法等。

5. 分辨率

分辨率是指传感器可感受到的被测量的最小变化的能力。也就是说，如果输入量从某一非零值缓慢地变化，当输入量变化值未超过某一数值时，传感器的输出不会发生变化，即传感器对此输入量的变化是分辨不出来的。只有当输入量的变化超过分辨率时，其输出才会发生变化。

6. 重复性

重复性是指传感器在对输入信号按同一方式进行全量程连续多次测量时，相应测量结果的变化程度。测量结果的变化越小，传感器的测量误差就越小，重复性越好。对于多数传感器来说，重复性指标都优于精度指标，这些传感器的精度不一定很高，但只要温度、湿度、受力条件和其他参数不变，传感器的测量结果也不会有较大变化。同样，对于传感器的重复性也应考虑使用条件和测量方法的问题。对于示教-再现型机器人，传感器的重复性至关重要，它直接关系到机器人能否准确地再现示教轨迹。

7. 响应时间

响应时间是传感器的动态特性指标，是指传感器的输入信号变化后，其输出信号随之变化并达到稳定值所需要的时间。在某些传感器中，输出信号在达到某一稳定值之前会发生短时间的振荡。传感器输出信号的振荡对于机器人控制系统来说非常不利，它有时可能会造成一个虚设的位置，影响机器人的控制精度和工作精度。因此，传感器的响应时间越短越好。响应时间的计算应当以输入信号起始变化的时刻为起点，以输出信号达到稳定值的时刻为终点。实际上，还需要规定一个稳定值范围，只要输出信号的变化不再超出此范围，即可认为它已经达到了稳定值。对于具体系统设计，还应规定响应时间容许上限。

8. 抗干扰能力

机器人的工作环境是多种多样的，在有些情况下可能相当恶劣，因此对于机器人用传感器必须考虑其抗干扰能力。由于传感器输出信号的稳定是控制系统稳定工作的前提，因此为防止机器人系统意外动作或发生故障，设计传感器时必须采用可靠性设计技术。通常抗干扰能力是通过单位时间内发生故障的概率来定义的，因此它是一个统计指标。

在选择工业机器人传感器时，需要根据实际工况、检测精度、控制精度等具体的要求来确定所用传感器的各项性能指标，同时还需要考虑机器人工作的一些特殊要求，如重复性、稳定性、可靠性、抗干扰能力，最终选择出性价比较高的传感器。

【技能训练】

4.1.4　工业机器人传感器的特性指标分析

根据所学工业机器人传感器的特性指标，分析表 4-2 中的性能指标如何选用，在更好的性能方案处打√。

表 4-2　性能指标选用

性能指标	越大越好	越小越好	根据情况确定
最大测量范围			
精度			
灵敏度			
线性度			
分辨率			
重复性			
响应时间			
抗干扰能力			

4.2　工业机器人的内部传感器

工业机器人的内部传感器以自己的坐标系统确定位置。内部传感器一般安装在机器人的机械手上，而不是安装在周围环境中。机器人内部传感器包括位置和位移传感器、速度传感器、加速度传感器、力/扭矩传感器等。

在工业机器人内部传感器中，位置和位移传感器以及速度传感器是工业机器人反馈控制中不可缺少的元件，使用非常广泛，技术也相对成熟。倾斜角传感器、方位角传感器及振动传感器等用作机器人内部传感器的时间不长，其性能尚需进一步改进。因此，本节我们着重学习位置和位移传感器以及速度传感器等。

【相关知识】

4.2.1　位置和位移传感器

工业机器人关节的位置控制是机器人最基本的控制要求，而对位置和位移的检测也是机器人最基本的感觉要求。位置和位移传感器根据其工作原理和组成的不同有多种形式。位移传感器种类繁多，这里只介绍一些常用的。图 4-4 所示列出了现有的各种位移传感器。位移传感器要检测的位移可为平移，也可为旋转。其中，电位计式位移传感器和光电编码器应用最为广泛。

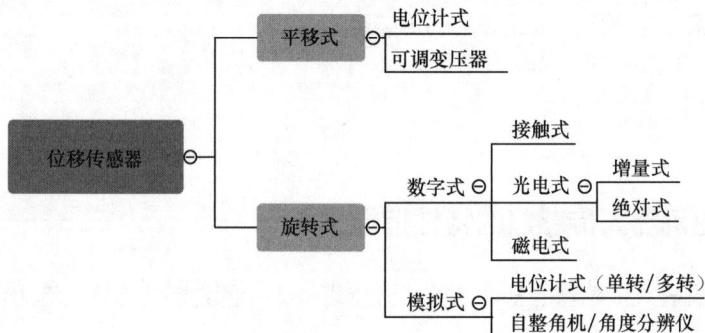

图 4-4　位移传感器的类型

1. 电位计式位移传感器

电位计式位移传感器由一个绕线电阻（或薄膜电阻）和一个滑动触点组成。滑动触点通过机械装置受被检测量的控制，当被检测的位置发生变化时，滑动触点也发生位移，从而改变滑动触点与电位计各端之间的电阻值和输出电压值。传感器根据这种输出电压值的变化，可以检测出机器人各关节的位置和位移量。

按照传感器的结构，电位计式位移传感器可分为两大类，一类是直线型电位计式位移传感器，另一类是旋转型电位计式位移传感器。

电位计式位移传感器具有性能稳定、结构简单、使用方便、尺寸小、质量轻等优点。它的输入/输出特性可以是线性的。这种传感器不会因为失电而丢失其已感应到的信息。当电源因故断开时，传感器的滑动触点将保持在原来的位置不变，只要重新接通电源，原有的位置信号就会重新出现。电位计式位移传感器的一个主要缺点是容易磨损，当滑动触点和电位计之间的接触面有磨损或有尘埃附着时会产生噪声，使电位计的可靠性和寿命受到一定的影响。

（1）直线型电位计式位移传感器

直线型电位计式位移传感器的工作台与传感器的滑动触点相连，当工作台左、右移动时，滑动触点也随之左、右移动，从而改变与电阻接触的位置，通过检测输出电压的变化量，确定以电阻中心为基准位置的移动距离。其工作原理如图 4-5 所示，外观如图 4-6 所示。根据电压值可以求得滑动触点的直线位移距离 x。即

$$x = \frac{L(2U_{\text{out}} - U_{\text{CC}})}{2U_{\text{CC}}} \tag{4-5}$$

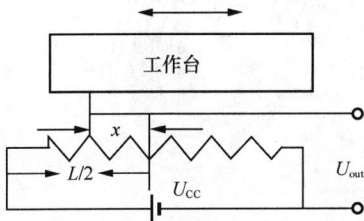

图 4-5 直线型电位计式位移传感器工作原理

图 4-6 直线型电位计式位移传感器外观

（2）旋转型电位计式位移传感器

由于电阻值随着回转角而改变，因此基于上述同样的理论（滑动变阻器的原理）可构成角度传感器，即旋转型电位计式位移传感器。应用时机器人的关节轴与传感器的旋转轴相连，这样根据测量的输出电压 U_{out} 的数值，即可计算出关节对应的旋转角度。图 4-7 所示为旋转型电位计式位移传感器工作原理。当滑动触点旋转了 θ 时，触点与滑动电阻端的电阻值 R_0 和输出电压 U_{out} 成正比关系，如式（4-6）所示。

$$\theta = 360° \times \frac{U_{\text{out}}}{U_{\text{CC}}} \tag{4-6}$$

旋转型电位计式位移传感器的电阻元件呈圆弧状，滑动触点在电阻元件上做圆周运动。旋转型电位计式位移传感器外观如图 4-8 所示。由于滑动触点等的限制，传感器的工作范围只能小于 360°。

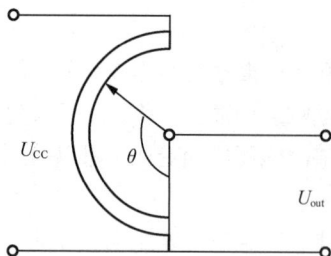

图 4-7 旋转型电位计式位移传感器工作原理

图 4-8 旋转型电位计式位移传感器外观

2. 光电编码器

光电编码器是集光、机、电技术于一体的数字化传感器，它利用光电转换原理将旋转信息转换为电信息，并以数字代码的形式输出，可以高精度地测量转角或直线位移。光电编码器具有测量范围大、检测精度高、价格便宜等优点，在工业机器人以及数控机床等机械设备的位置检测中应用广泛。一般把该传感器装在机器人各关节的转轴上，用来测量各关节转轴转过的角度。光电编码器主要由码盘、检测光栅、光电检测装置（包括光源、光敏元件、信号转换电路）、机械部件等组成，如图 4-9 所示。

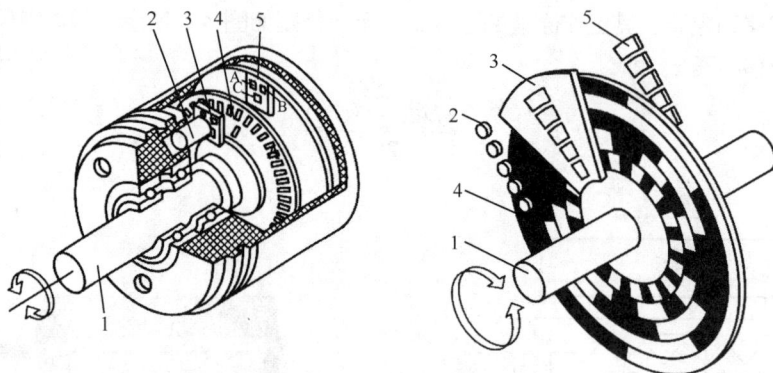

图 4-9 光电编码器结构

1—转轴；2—LED 光源；3—检测光栅；4—码盘；5—光敏元件（光敏电阻）

根据检测原理，光电编码器可分为接触式和非接触式两种。接触式光电编码器采用电刷输出，以电刷接触导电区和绝缘区分别表示代码的 1 和 0 状态；非接触式光电编码器的敏感元件是光敏元件或磁敏元件，采用光敏元件时以透光区和不透光区分别表示代码的 1 和 0 状态。图 4-9 所示为典型的非接触式光电编码器。

根据测出的信号类型不同，光电编码器又可分为相对式和绝对式两种，由于光电编码器在工业机器人中应用时，常用于检测相对式和绝对式两种不同类型的信号，因此我们着重学习相对式光电编码器和绝对式光电编码器。

（1）相对式光电编码器

相对式光电编码器也称为增量式光电编码器，用于检测机器人电动机旋转的相对位移，其结构如图 4-10 所示。

相对式光电编码器的圆形码盘上透光区和不透光区相互间隔，均匀分布。其工作原理如图 4-11 所示。在码盘上下两端分别装有光源和光敏元件。转轴带动码盘随工业机器人关节驱动电动机同步转动，每转过一个透光区和一个不透光区就会产生一次光线的明暗变化；经过整形电路，可以得到一组脉冲信号，将脉冲信号传输至控制器的计数器中（由于电动机旋转速度较快，一般使用高速计数器），由脉冲信号累加值可反映出码盘旋转的角度，也就是电动机旋转的角度。此外，为了判断旋转方向，检测光栅刻有 a、b 两组透明检测窄缝，它们彼此错开 1/4 节距，光透过码盘照射到检测光栅上，使得 A、B 两个光敏元件的输出信号在相位上相差 90°。通过判断两组脉冲信号的相位差，即可得知转轴的旋转方向。

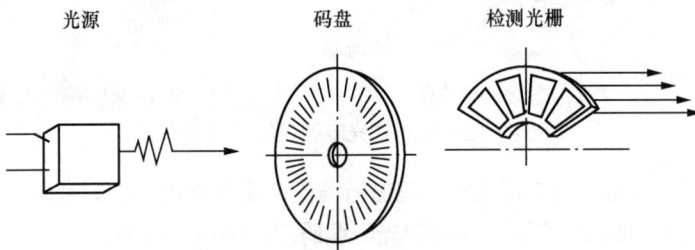

图 4-10　相对式光电编码器结构

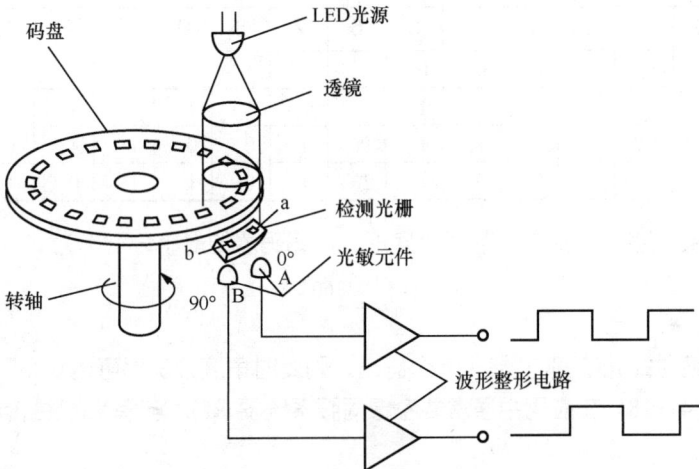

图 4-11　相对式光电编码器工作原理

相对式光电编码器的码盘条纹数决定了传感器的最小分辨角，即分辨角 $\alpha = 360°$ /条纹数。在工业应用中，根据不同的应用对象，通常可选择分辨率为 500～6000 PPR（每转脉冲数）的相对式光电编码器，最高可以达到每转几万脉冲。相对式光电编码器的优点有原理和构造简单、机械平均寿命长（使用寿命可达到几万小时以上）、分辨率高、抗干扰能力较强、信号传输距离较长、可靠性较高；缺点有无法直接读出转动轴的绝对位置信息。

（2）绝对式光电编码器

绝对式光电编码器是一种直接编码式的测量元件，它可以直接把被测转角或位移转化成相应的代码，指示的是绝对位置而无绝对误差，在电源切断时不会失去位置信息，用于检测机器人相对于原点的绝对位移。图 4-12（a）所示为绝对式光电编码器结构。

绝对式光电编码器的圆形码盘上沿径向又被划分为多个同心圆区域，这些区域称为码道，一个光敏元件对准一个码道。若码盘的透光区对应二进制数 1，不透光区对应二进制数 0，则沿着码盘径向，由外向内，可依次读出码盘上的二进制数，如图 4-12（b）所示，最外圈为各码道读数。

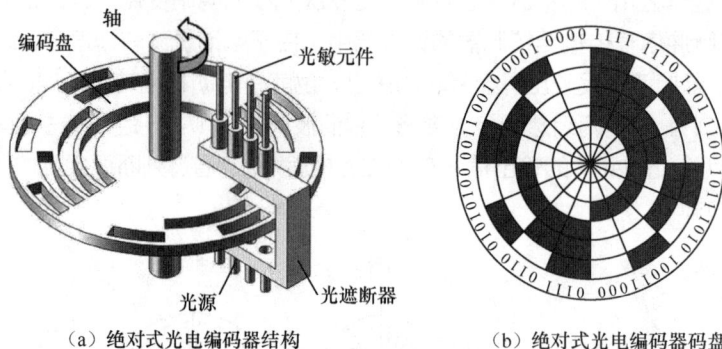

（a）绝对式光电编码器结构   （b）绝对式光电编码器码盘

图 4-12 绝对式光电编码器工作原理

绝对式光电编码器采用二进制码或格雷码进行编码，由于格雷码相邻数码之间仅改变一位二进制数，误差不会超过 1，所以格雷码被大多数光电编码器所使用，如表 4-3 所示。

表 4-3 格雷码

十进制数	0	1	2	3	4	5	6	7	8	9	10	11	12	13	14	15
格雷码	0	0	0	0	0	0	0	0	1	1	1	1	1	1	1	1
	0	0	0	0	1	1	1	1	1	1	1	1	0	0	0	0
	0	0	1	1	1	1	0	0	0	0	1	1	1	1	0	0
	0	1	1	0	0	1	1	0	0	1	1	0	0	1	1	0

若码盘上有 n 条码道，则被均分为 2^n 个扇形，该编码器的最小分辨率为

$$\alpha = \frac{360°}{2^n} \tag{4-7}$$

因此，若一个绝对式光电编码器有 10 个码道，则此时角度分辨率可达 0.35°。目前市面上光电编码器的码道数为 4~18。在应用中通常要考虑伺服系统要求的分辨率和机械传动系统的参数，以选择合适的编码器。

4.2.2 速度传感器

速度传感器是工业机器人中较为重要的内部传感器之一。由于在机器人中主要需测量的是机器人关节的运行角速度，故这里仅介绍角速度传感器。目前广泛使用的角速度传感器有测速发电机和相对式光电编码器两种。测速发电机是应用广泛、能直接得到代表转速的电压且具有良好实时性的一种角速度测量传感器。相对式光电编码器既可以测量增量角位移又可以测量瞬时角速度。角速度传感器的输出有模拟式和数字式两种。

1. 测速发电机

测速发电机与普通发电机的原理相同，在使用时，将被测机构与测速发电机同轴连接，只要检测输出电动势，就能获得被测机构的转速，故常被用作速度传感器或角速度传感器。改变测速发电机旋转方向时输出电动势的极性也会相应改变，因此测速发电机不仅可以检测速度大小，还可以检测速度的方向。测速发电机广泛用于各种速度或位置控制系统。图 4-13 所示为两种测速发电机的结构。

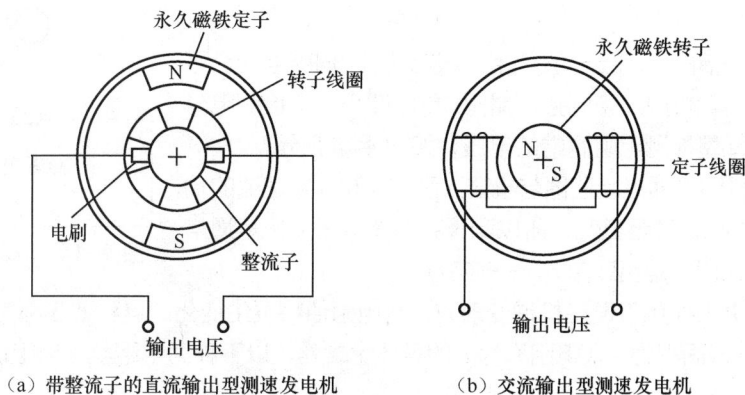

（a）带整流子的直流输出型测速发电机　　　（b）交流输出型测速发电机

图 4-13　两种测速发电机的结构

测速发电机有直流输出型、交流输出型和感应型。对于直流输出型测速发电机，在其定子的永久磁铁产生的静止磁场中，安装着绕有线圈的转子。当转子转动时，就会产生交变电流，其经过二极管整流，又会变成直流电输出，输出电压 u 与转子的角速度 ω 成正比：

$$u = A\omega \tag{4-8}$$

式中，A 为常数，进而通过测量输出电压，即可得到角速度。

测速发电机在自动控制系统中作为检测速度的元件，以调节电动机转速或通过反馈来提高系统稳定性和精度；在解算装置中可作为微分、积分元件，也可作为加速或延迟信号，或用来测量各种运动机械在摆动或转动以及直线运动时的速度。

2. 相对式光电编码器

相对式光电编码器在工业机器人中既可以用来作为位置传感器测量关节相对位置，又可以作为角速度传感器测量关节角速度，作为角速度传感器时既可以在模拟方式下使用，又可以在数字方式下使用。

（1）模拟方式

在这种方式下，必须有一个频率/电压（f/V）变换器，用来把编码器测得的脉冲频率转换成与角速度成正比的模拟电压。f/V 变换器必须有良好的零输入、零输出特性和较小的温度漂移，这样才能满足测量要求。

（2）数字方式

数字方式测速是指基于数学公式，利用计算机软件计算出角速度。由于角速度是转角对时间的一阶导数，如果能测得单位时间 Δt 内编码器转过的角度 $\Delta\theta$，则编码器在该时间段内的平均角速度为

$$\omega = \frac{\Delta\theta}{\Delta t} \tag{4-9}$$

4.2.3　力/扭矩传感器

工业机器人的运动离不开力的作用，力的大小需要被控制。例如，搬运机器人若握力较大会损坏工件，但握力不足工件会滑落。力/扭矩传感器为工业机器人的手腕提供了触觉，使工业机器人对手臂末端工具施加的力的大小进行实时监控。一般会将力/扭矩传感器安装于工业机器人手臂和末端

工具之间。

工业机器人关节的驱动器一般使用伺服电动机，伺服电动机可以通过直接测量电动机电流来间接测量驱动力，即用一个检测电阻和电动机串联来测量检测电阻两端的电压，如图 4-14 所示。

但是，电动机通常通过减速器与机器人手臂连接，减速器的输出/输入效率为 60%，甚至更低，所以测量减速器输出端扭矩通常会更准确，可以采用扭矩负载单元——应变片。

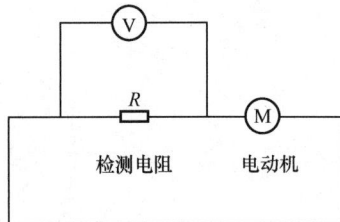

图 4-14　驱动力间接测量电路

当金属丝在外力作用下发生机械变形时，其电阻值将发生变化，这种效应称为电阻应变效应。一个长度为 l，横截面积为 A，电阻率为 ρ 的导体金属丝（以下称为电阻丝）电阻值为

$$R = \rho \frac{l}{A} \tag{4-10}$$

当电阻丝受到拉力 F 作用时，将伸长 Δl，横截面积相应减小 ΔA（r 为电阻横截面半径，对应的半径变化为 Δr），电阻率因受到材料晶格发生变形等因素影响而改变了 $\mathrm{d}\rho$，从而引起电阻值相对变化量为

$$\frac{\mathrm{d}R}{R} = \frac{\Delta l}{l} - \frac{\Delta A}{A} + \frac{\mathrm{d}\rho}{\rho} \tag{4-11}$$

轴向应变：
$$\varepsilon = \frac{\Delta l}{l} \tag{4-12}$$

径向应变：
$$\frac{\Delta A}{A} = 2\frac{\mathrm{d}r}{r} \tag{4-13}$$

$$\frac{\mathrm{d}r}{r} = -\mu\frac{\Delta l}{l} = -\mu\varepsilon \tag{4-14}$$

式中，μ 为电阻丝材料的泊松比，负号表示与轴向应变方向相反。

进而得到

$$\frac{\frac{\mathrm{d}R}{R}}{\varepsilon} = 1 + 2\mu + \frac{\frac{\mathrm{d}\rho}{\rho}}{\varepsilon} = K \tag{4-15}$$

K 为单位应变能引起的电阻值变化，称为电阻丝的灵敏系数，其物理意义是单位应变所引起的电阻相对变化量。

人们利用电阻受力后会引起形变、进而引起电阻值发生变化的原理，设计了应用广泛的电阻应变片式六维力传感器，如图 4-15 所示。它能同时获取三维空间的三维力和力矩信息，广泛应用于力/位置

图 4-15　电阻应变片式六维力传感器

控制、轴孔配合、轮廓跟踪及双机器人协调等机器人控制领域。在实践应用中，传感器两端通过法兰盘与工业机器人腕部连接。当机器人腕部受力时，其内部力和力矩元件发生不同程度的变形，使敏感点的应变片发生应变，输出电信号，通过一定的数学关系式就可解算出 x、y、z 这 3 个坐标上的分力和分力矩。

【技能训练】

4.2.4　用光电编码器检测位移量

图 4-16 所示为某自动化生产线的分拣单元，此传送带的驱动装置为三相异步电动机，装有光电编码器，用于检测传送带的位移。假设此光电编码器码盘条纹数为 500，则分辨角为多少？若分拣单元的主动轴直径为 $d=40$ mm，当工件从下料口中心线移动到第一个推杆中心点的距离为 160 mm 时，旋转编码器发出多少个脉冲？

微课：用光电编码器检测位移量

图 4-16　某自动化生产线的分拣单元

4.3　工业机器人的外部传感器

【相关知识】

工业机器人的外部传感器是用于检测工业机器人与作业对象或外部环境的关系的。根据不同的作业对象和外部环境，在工业机器人外部安装接近觉传感器、接触觉传感器、压觉传感器、视觉传感器等，会大大改善机器人的工作状况，使其能够更充分地完成复杂的工作。外部传感器应用场景复杂多变，有些方面还在探索之中，随着外部传感器的进一步完善，工业机器人的功能也会越来越强大。

4.3.1　接近觉传感器

接近觉传感器是一种具有感知物体接近能力的元器件，它利用位移传感器对接近的物体具有敏感特性这一特点来识别物体是否靠近，并输出相应开关信号，因此，通常又把接近觉传感器称为接近开关。它是代替开关等接触式检测方式，以无须接触被检测对象进行检测为目的的传感器的总称，能检测对象的存在、出现、移动等信息并转化成电信号。

微课：接近觉传感器

1. 电容式接近觉传感器

电容式接近觉传感器是一个以电极为检测端的电容接近开关，其外观如图 4-17 所示。它由高频振荡电路、检波电路、放大电路、整形电路及输出电路组成，如图 4-18 所示。

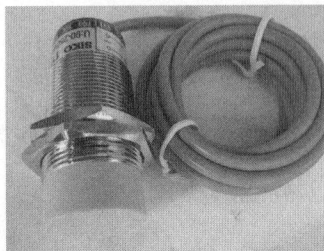

图 4-17　电容式接近觉传感器外观

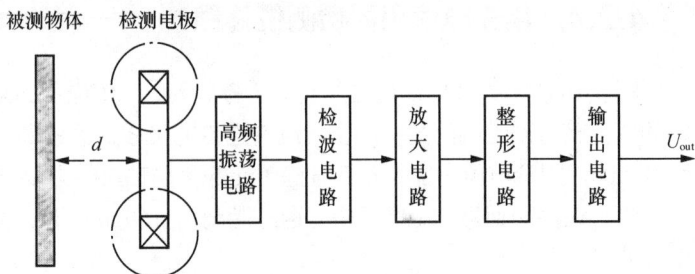

图 4-18　电容式接近觉传感器电路组成

平时检测电极与大地之间存在一定的电容量，检测电极为振荡电路的一个组成部分。当被测物体接近检测电极时，由于检测电极加有电压，就会受到静电感应而产生极化现象，被测物体越靠近检测电极，检测电极上的感应电荷就越多。由于检测电极上的静电电容为

$$C = \frac{Q}{V}$$

（4-16）

C—电容　Q—电容中的电荷量　V—电容两端电压

所以随着电荷量的增多，检测电极电容 C 随之增大。

由于振荡电路的振荡频率为

$$f = \frac{1}{2\pi\sqrt{LC}}$$

（4-17）

f—频率　L—电感

振荡频率与电容成反比，所以当电容 C 增大时，振荡电路的振荡减弱，甚至停止振荡。振荡电路的振荡与停振这两种状态被检测电路转换为开关信号后向外输出。

2. 电感式接近觉传感器

电感式接近觉传感器由高频振荡电路、检波电路、放大电路、整形电路及输出电路组成。电感式接近觉传感器外观如图 4-19 所示。

其使用方法和电路组成都与电容式接近觉传感器类似，从外表很难分辨这两种传感器，可以从铭牌区分。检测用敏感元件为检测线圈，它是振荡电路的一个组成部分，振荡电路的振荡频率同样为

图 4-19　电感式接近觉传感器外观

$$f = \frac{1}{2\pi\sqrt{LC}}$$

（4-18）

但是，电感式接近觉传感器的工作原理与电容式接近觉传感器不同。当检测线圈通以交流电时，在检测线圈的周围就会产生一个交变的磁场，此时，金属物体接近检测线圈，金属物体就会产生电涡流而吸收磁场能量，使检测线圈的电感 L 发生变化，从而使振荡电路的振荡频率减小，直至停振。这种现象也被称为电涡流效应。振荡与停振这两种状态经检测电路转换为开关信号输出。电感式接近觉传感器的使用方法如图 4-20 所示。

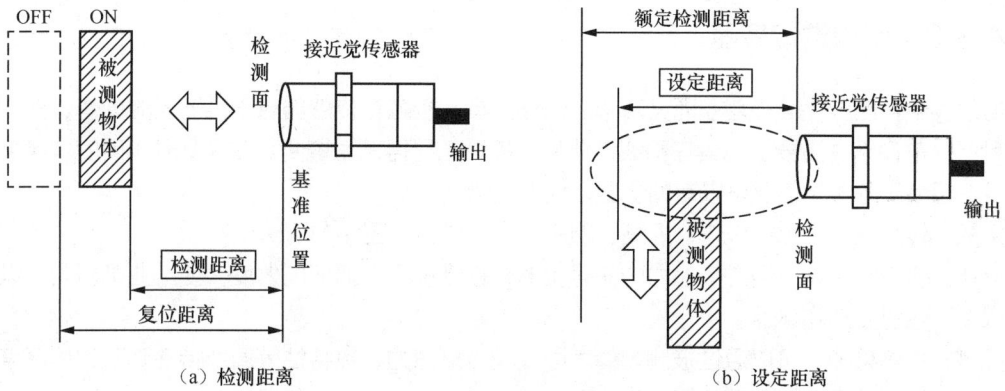

图 4-20　电感式接近觉传感器使用方法

需要注意的是：与电容式接近觉传感器类似，电感式接近觉传感器检测的被测物体也是金属导体，非金属导体不能用该方法测量。振幅变化随被测物体金属的种类的不同而不同，因此检测距离也随被测物体金属的种类的不同而不同。

3. 光电式接近觉传感器

光电式接近觉传感器也被称为光电开关，常见的光电开关如图 4-21 所示。

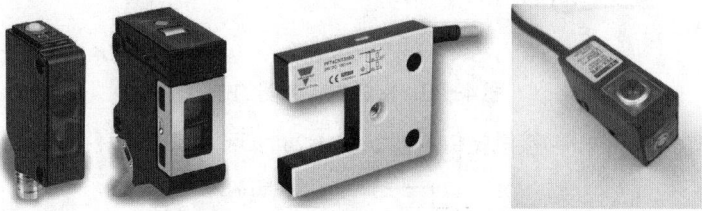

图 4-21　常见的光电开关

光电开关由发送器、接收器和检测电路组成。发送器（发光二极管）的光束轴线和接收器（光电三极管）的轴线在一个平面上，并成一定的夹角，两轴线在传感器前方交于一点。当被测物体表面接近交点时，发光二极管的反射光被光电三极管接收，产生电信号并输出，如图 4-22 所示。当被测物体表面远离交点时，反射光不在光电三极管的视角内，检测电路没有输出。

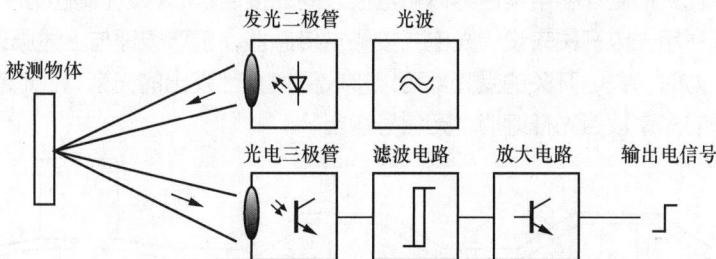

图 4-22　光电开关原理

一般情况下，送给发光二极管的驱动电流并不是直流电流，而是一定频率的交变电流，这样，接收器得到的也是同频率的交变信号。如果对接收到的信号进行滤波，只允许同频率的信号通过，可以有效地防止其他杂光的干扰，并可以提高发光二极管的发光强度。

4.3.2　接触觉传感器

自然界中，触觉是一种普遍而又基本的生存工具。接触觉传感器对于机器人的操作、探测、响应 3 种行为来说至关重要。尤其在精细作业中，接触觉显得尤为重要。在探测时，硬度、摩擦力、热传导、粗糙度等触觉信息可以有助于更好地识别物体。

接触觉传感器可以完成操作、探测、响应 3 类工作，如图 4-23 所示。

操作：抓取力控制，通过接触力的信号反馈，控制执行器抓取的力度，使工业机器人可以很好地抓取易碎或易变形物体。

探测：物体检测，可以通过被测物体表面纹理、摩擦力、热特性等局部特性判断物体深度、表面材质等特征，适用于地形勘探等特殊场景。

响应：外界响应，通过接触力的检测，使机器人手部回应外部作用产生的接触，适用于机器人与外部环境交互等场景。

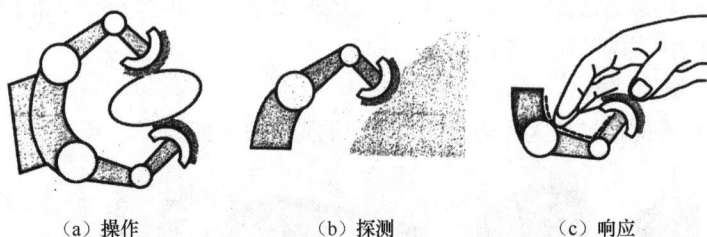

（a）操作　　　　　　　（b）探测　　　　　　　（c）响应

图 4-23　接触觉传感器的作用

开关阵列是非常常见的一种接触觉传感器。图 4-24 所示为简单的开关阵列。

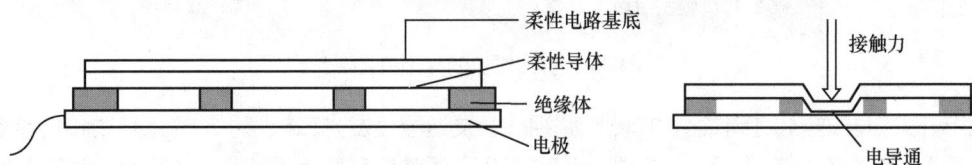

图 4-24　开关阵列

它主要由电极和柔性导体构成，在电极和柔性导体之间留有间隙，当施加外力时，受压部分的柔性导体和绝缘体发生形变，利用柔性导体和电极之间的接通状态形成接触觉。

另外，还可以利用光电开关来设计光电式接触觉传感器，工作原理与上述原理类似，如图 4-25 所示。当无被测压力时，光电开关的受光部可以接收到发光部发出的光束，此时有信号输出；有被测压力时，发光部的光束被挡光杆遮挡，无信号输出。

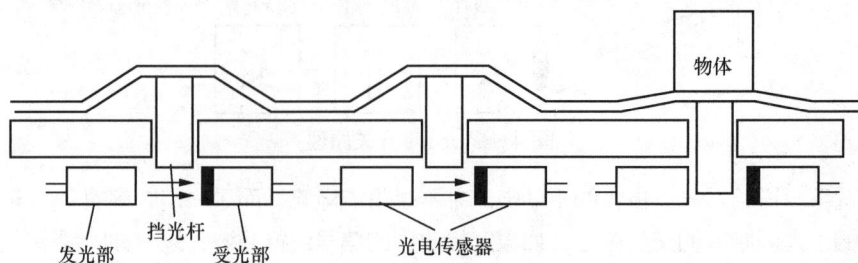

图 4-25　光电式接触觉传感器

接触觉传感器还在不断地更新，如二维矩阵接触觉传感器，一般放在机器人手掌内侧。此类传感器使用导电橡胶、浸含导电涂料的氨基甲酸乙酯泡沫或碳素纤维等材料作为柔性导体，同样通过形变，电极接触柔性导体形成接触觉。此类接触觉传感器可用于测定自身与被测物体的接触位置、被测物体中心位置和倾斜度，甚至可以识别被测物体的大小和形状。

4.3.3　压觉传感器

压觉传感器一般安装在工业机器人手部，是用于检测被接触物体压力大小的传感器。常见的压觉传感器有电容式压感阵列、压阻式压感阵列。

1. 电容式压感阵列

电容式压感阵列是利用电容的物理特性制成的压力传感器。基于电容值的决定式：

$$C = \varepsilon \frac{S}{d} \qquad (4\text{-}19)$$

其中，ε 为电容两极板间电介质的介电常数；S 为两极板间的正对面积；d 为两极板间的距离。如图 4-26 所示，当压力压紧电容极板时，两极板间的距离 d 会随之减小，输出的电容值变大。

根据上述原理，在机器人手部安装电容式压感阵列，当阵列中某几个电容值发生改变时，即可得知压力的大小和受力位置。电容式压感阵列外观如图 4-27 所示。

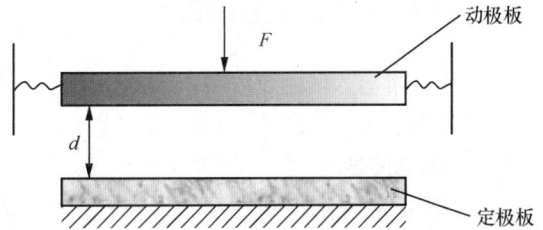

图 4-26　电容式压感阵列工作原理

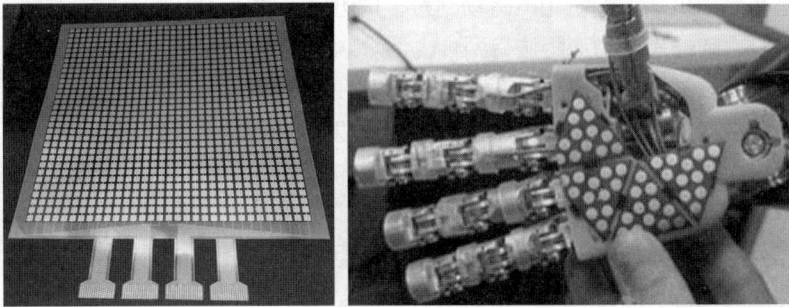

图 4-27　电容式压感阵列外观

2. 压阻式压感阵列

压阻式压感阵列是利用压阻效应制成的一组电阻阵列。当半导体受到应力作用时，由于应力引起能带的变化、能谷的能量移动，其电阻率发生变化的现象被称为压阻效应。

压阻式压感阵列一般采用批量模塑的导电橡胶，或采用压阻油墨测量触觉，其中油墨通常通过丝网印刷或压印方式形成图案，或者利用导电添加剂（如炭黑）来产生压阻特性。当阵列受到外力作用时，由于导电橡胶的电阻率发生改变，则相应电阻值发生改变，通过检测输出电压，可以检测出压力的大小和位置，如图 4-28 所示。

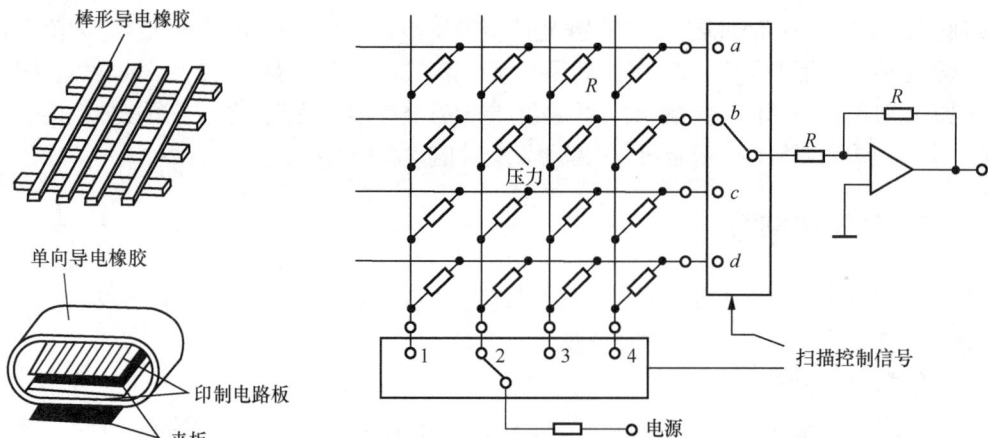

图 4-28　压阻式压感阵列

4.3.4　其他智能传感器

在工业机器人使用过程中，根据具体的生产要求，还会安装其他智能传感器，如视觉传感器、距离传感器、其他外部传感器。

1. 视觉传感器

视觉传感器是整个机器视觉系统信息的直接来源，主要由一个或者两个图形传感器组成，有时还要配以光投射器及其他辅助设备。视觉传感器的主要功能是获取足够的机器视觉系统要处理的原始图像。

2. 距离传感器

距离传感器可用于机器人导航和障碍物回避，也可用于对机器人空间内的物体进行定位及确定其一般形状特征。目前最常用的测距法有两种。

（1）超声波测距法

超声波是频率 20 kHz 以上的机械振动波，利用发射脉冲和接收脉冲的时间间隔可推算出距离。超声波测距法的缺点是波束较宽，其分辨力受到严重的限制，因此，主要用于导航和障碍物回避。

（2）激光测距法

激光测距法可以利用回波法，或者利用激光测距仪，其工作原理如图 4-29 所示。

氦氖激光器固定在基线上，在基线的一端由反射镜将激光点射向被测物体，反射镜固定在电动机轴上，电动机连续旋转，使激光点稳定地对被测目标扫描。由CCD（电荷耦合器件）摄像机接收反射光，采用图像处理的方法检测激光点图像，并根据位置坐标及摄像机光学特点计算出激光反射角。利用三角测距原理即可算出反射点的位置。

当一束激光从发射器发射到被测物体表面，产生的激光点被位于第二个位置的传感器接收到，已知激光器

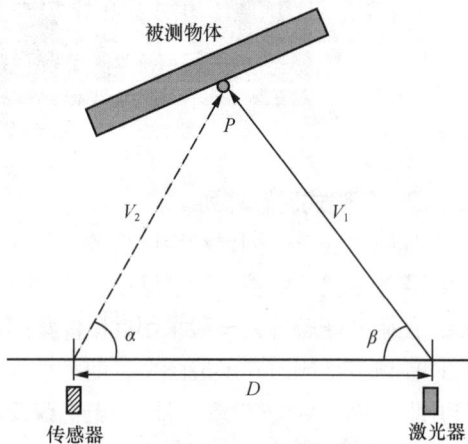

图 4-29　激光测距法工作原理

和传感器的相对位置距离为 D，并知道方位关系，使用三角法即可计算出被照射的表面点的三维位置。

3. 其他外部传感器

除以上介绍的机器人外部传感器外，还可根据机器人特殊用途安装听觉传感器、味觉传感器及电磁波传感器，而安装这些传感器的机器人主要用于科学研究、海洋资源探测或食品分析、救火等。这些传感器多数处于开发阶段，有待更进一步地完善，以丰富机器人专用功能。

【技能训练】

4.3.5 区分工业机器人内、外部传感器

分析表 4-4 中的传感器类型，判断其是否可以作为工业机器人的内部传感器或外部传感器，在相应的传感器类型下方打√。

表 4-4　工业机器人传感器分类

传感器类型	内部传感器	外部传感器
光电开关		
位移传感器		
光电编码器		
测速发电机		
力/扭矩传感器		
接近觉传感器		
压觉传感器		
视觉传感器		

4.4　传感器融合

【相关知识】

机器人系统中使用的传感器种类和数量越来越多，每种传感器都有一定的使用条件和感知范围，并且能给出环境或对象的部分或全部信息，为了有效地利用这些传感器信息，需要采用某种形式对传感器信息进行综合、融合处理，对不同类型信息进行多种形式处理的系统就是传感器融合。传感器的融合技术涉及神经网络、知识工程、模糊理论等以及信息、检测、控制领域的新理论和新方法。传感器融合类型有多种，现举以下两种。

4.4.1　竞争性融合

在传感器检测同一环境或同一物体的同一性质时，传感器提供的数据可能是一致的，也可能是

矛盾的。若有矛盾，就需要系统裁决。裁决的方法有多种，如加权平均法、决策法等。在一个导航系统中，车辆位置可以通过计算法定位系统（利用速度、方向等数据记录进行计算）或路标（如交叉路口、人行道等参照物）观测确定。若路标观测成功，则用路标观测的结果，并对计算法的结果进行修正，否则采用计算法所得的结果。这种融合即为竞争性融合。

4.4.2 互补性融合

不同传感器提供不同形式的数据。例如，识别三维物体的任务就采用这种类型的融合。利用彩色摄像机和激光测距仪确定一段阶梯道路，彩色摄像机提供图像（如颜色、特征），而激光测距仪提供距离信息，两者融合即可获得三维信息。

目前，要使多传感器信息融合体系化尚有困难，且缺乏理论依据。多传感器信息融合的理想目标应是使机器人传感器融合体系接近于人类的感觉、识别、控制体系，但由于对后者尚无一个明确的工程学的阐述，所以机器人传感器融合体系要具备什么样的功能尚是一个模糊的概念。相信随着机器人智能水平的提高，多传感器信息融合理论和技术将会逐步完善和系统化。

【技能训练】

4.4.3 传感器融合技术在实际中的应用

传感器融合技术已经广泛用于多个领域。根据下面两个应用领域对功能的要求，选取适当的传感器，并完成传感器选型，如表 4-5、表 4-6 所示。

1. 智能交通

智能交通系统通常需要综合多种传感器技术来实现，如交通流量、车辆速度、车辆位置、环境温湿度等。这些信息可以通过多传感器信息融合技术进行分析和处理，以达到实时控制交通信号、减少交通拥堵和事故发生的目的。

表 4-5　智能交通系统中传感器及其型号的选择

功能要求	传感器选择	型号选择
交通流量		
车辆速度		
车辆位置		
环境温度		
环境湿度		

2. 机器人控制

在机器人控制领域，多传感器信息融合技术可用于机器人的自主导航和环境感知。机器人可以通过多种传感器感知机器人周围的环境信息，如图像、碰撞信息、环境温湿度等，并通过多传感器信息融合技术进行分析和处理，控制机器人的移动和选择机器人的动作方案。

表 4-6　机器人控制领域中传感器及其型号选择

功能要求	传感器选择	型号选择
图像		
碰撞信息		
环境温度		
环境湿度		

【模块小结】

通过对本模块的学习，同学们首先了解了传感器的不同类型，包括内部传感器和外部传感器；其中，内部传感器帮助机器人了解自身状态，外部传感器检测机器人所处的外部环境以及机器人和外部物体的关系；其次，学习了传感器的性能指标，帮助自己更好地了解不同传感器的优缺点，以及选型方法，在选择工业机器人传感器时，需综合考虑传感器的各项技术参数；随后，学习了工业机器人内、外部传感器的具体功能，以及工作原理；最后，简要学习了工业机器人的综合应用。

【巩固练习】

一、选择题

1. 数字式位置传感器不能用于（　　　）的测量。

A. 机械手的旋转角度 　　　　　　　　　B. 工作台振动加速度

C. 工件的位移 　　　　　　　　　　　　D. 机床刀具的位置

2. 以下传感器中属于非接触测量的是（　　　）。

A. 电位器传感器、电涡流传感器 　　　　B. 电容传感器、压电传感器

C. 霍尔传感器、光电传感器 　　　　　　D. 霍尔传感器、电位器传感器

3. 日本日立公司研制的经验学习机器人装配系统采用接触觉传感器来有效地反映装配情况。其接触觉传感器属于下列（　　　）传感器。

A. 触觉 　　　　　　B. 接近觉 　　　　　　C. 力/力矩觉 　　　　　　D. 压觉

4. 以下传感器中不是测速传感器的是（　　　）。

A. 光电编码器 　　　B. 光电开关 　　　　　C. 测速发电机 　　　　　D. 磁电式转速传感器

5. 以下不属于机器人多传感器融合技术主要有（　　　）。

A. 特征层融合 　　　B. 互补性融合 　　　　C. 竞争性融合 　　　　　D. 图像融合

二、简答题

1. 简述工业机器人内部传感器和外部传感器的区别。

2. 什么是电涡流效应？

模块5
工业机器人的控制系统

05

【学习导读】

随着制造业快速发展，使用工业机器人代替人工对于降低成本有着极其重要的现实意义。工业机器人可以24h在生产线上按规定生产。是什么在指挥机器人动作呢？那就是机器人的"大脑"——控制系统。它是决定机器人功能和水平的关键部分，也是机器人系统中更新最快和发展最快的部分。

通过对本模块的学习，同学们可以掌握工业机器人控制系统的结构、功能和控制方式，并通过对 ABB 工业机器人的典型控制柜的学习以及控制柜接线训练，深入浅出地完成典型控制系统的配置，为后续学习工业机器人的手动操纵和编程奠定基础，提升自身解决工程实际问题的能力以及职业技能和职业素养。

【学习目标】

知识目标

- 了解工业机器人控制系统的特点；
- 了解工业机器人控制系统的基本结构；
- 了解工业机器人的控制方式；
- 掌握 ABB 工业机器人控制柜的接口接线方法。

技能目标

- 能绘制工业机器人控制系统结构图；
- 认识 IRC 紧凑型控制柜各接口；
- 认识 DSQC652 板卡；
- 能够在实训台上完成 I/O 信号接线。

素养目标

- 夯实基础，提升对知识的总结和深入思考的能力；
- 培养工程意识、绿色生产意识，掌握工业机器人控制方法；
- 提升自主探究能力和团队协作能力；
- 通过控制柜接线，提升动手能力和精益求精的工匠精神。

【思维导图】

工业机器人的控制系统
- 工业机器人的控制系统及控制方式
  - 控制系统结构
  - 工业机器人控制系统的特点
  - 工业机器人控制系统的基本结构
  - 工业机器人的运动控制
  - 工业机器人位置控制选择
- ABB工业机器人控制柜和I/O板卡
  - 认识IRC紧凑型控制柜各接口
  - 认识DSQC652板卡
  - 配置标准DSQC652 I/O板卡

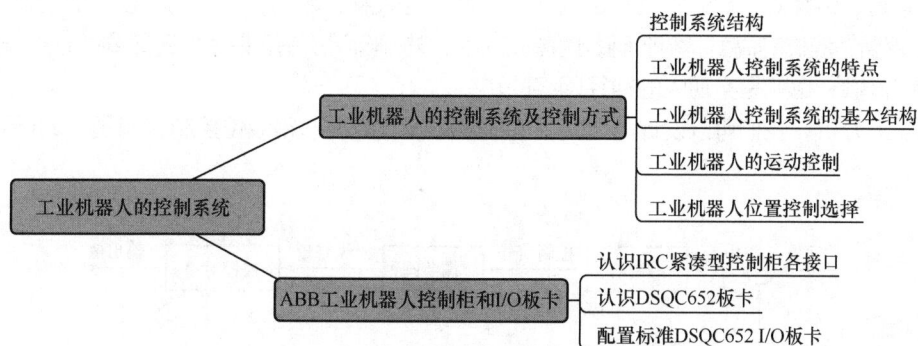

5.1 工业机器人的控制系统及控制方式

微课：工业机器人的控制系统概述

【相关知识】

5.1.1 控制系统结构

机器人的运动离不开"大脑"的控制，而对于自动控制装置来说，控制器是控制系统的核心，也就是自动控制装置的"大脑"。接下来通过一个简单的案例了解一下什么是控制系统。

1. 什么是控制系统

假设一个水箱有一个进水口和一个出水口，希望液位能保持在 h 的高度上，该怎么操作呢？图 5-1 所示为水箱液位控制示意。

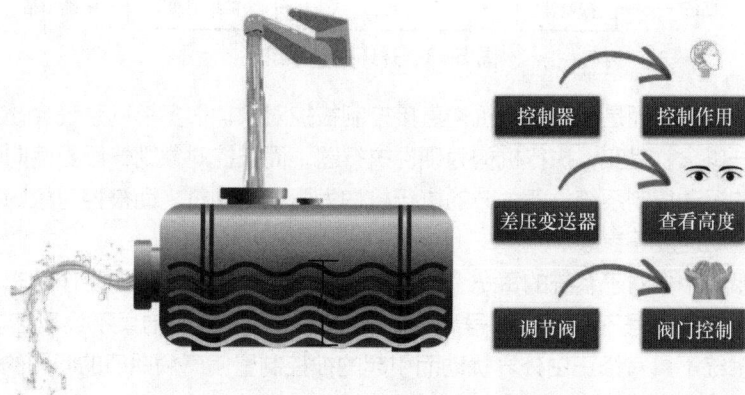

图 5-1　水箱液位控制示意

如果靠人来控制水箱液位，步骤如下：首先，观察此刻的液位高度，假如高度不够 h，则打开进水口，同时继续观察液位变化，直到液位为 h 时关闭进水口；反过来，假如液位高度高于 h，则应该打开出水口，直到液位为 h 时关闭出水口。

想要把手动控制系统改为自动控制系统，那我们就要用机械设备或电子元器件代替刚才使用到的大脑、眼睛、手等。它们分别是：控制器，代替人的大脑，起到控制作用；差压变送器，代替人的眼睛，"查看"液位的高度；调节阀，代替人的手，进行阀门控制。最后，还需要把它们连接起来，完成信号的传输，也就是实现人的神经网络的功能。

通过以上分析，我们可以设计一个简单的控制系统，完成水箱液位控制，如图 5-2 所示。

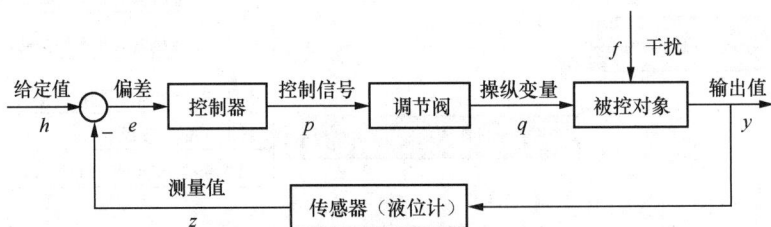

图 5-2　水箱液位控制系统

其中，方框内的文字代表元器件，箭头是信号传输的方向，箭头上的文字为信号的类型。一个完整的自动控制系统主要包含检测部分、控制部分和执行部分。首先将给定值"告诉"控制器，控制器通过算法"思考"接下来的动作并"告诉"调节阀，调节阀动作后，改变了被控对象（对于本案例来说，被控对象为水箱液位）的进出水；与此同时，检测部分利用传感器（液位计），实时检测液位高度，并反馈给控制器，当控制器发现液位高度与给定值相同时，控制调节阀停止进出水，完成液位高度控制。

2．典型的控制系统结构

控制系统一般包括开环控制系统和闭环控制系统两种。

（1）开环控制系统

开环控制系统又被称为开环系统，它的控制方式为，单方向利用控制器控制执行机构获得预期输出值，如图 5-3 所示。

图 5-3　开环控制系统

开环系统没有反馈，而是利用执行机构直接控制被控对象。很多控制系统会让人感觉执行机构和被控对象是同一概念，其实，执行机构为硬件执行器，而被控对象则一般更偏向于数据。例如，对于工业机器人的运动控制系统，各关节的执行机构为驱动电动机，而被控对象则是机器人末端执行器的位置或者运动速度等参数。

在一个开环系统中，对于系统的每一个输入信号，必定有一个固定的工作状态和一个系统输出信号与之相对应。输入信号不受输出信号影响，也就是说，控制的结果不会反馈影响当前控制系统。因此，这种系统不具有修正由外界扰动而引起的被控制量偏离预期值的问题的能力。开环系统抗干扰能力差，因此具有很强的局限性。

（2）闭环控制系统

闭环控制系统也被称为有反馈的控制系统，是由信号正向通路和反馈通路构成闭合回路的自动控制系统。这种系统可以实时将控制的结果反馈至输入端，与预期值进行比较，并根据误差值进行进一步的控制。(后文 5.1.3 节中图 5-9 所示工业机器人运动控制中的速度反馈和位置反馈就组成了两个闭环控制系统。)

与开环系统不同,闭环控制系统增加了对实时输出信号的测量,此测量结果即反馈值。一个闭环控制系统至少要有一个反馈值,这就要求反馈的参数由相应的传感器测量数据提供。图 5-4 所示为最简单的闭环控制系统——单回路控制系统。

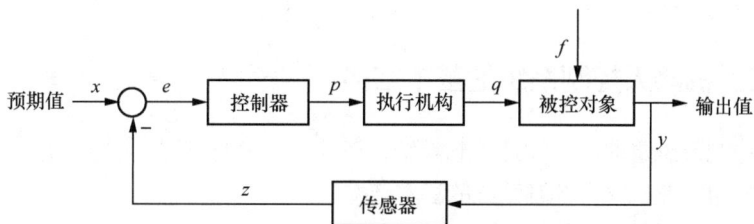

图 5-4 单回路控制系统

x—输入信号;e—偏差值;p—控制信号;q—执行信号;y—输出信号;z—当前检测值;f—干扰信号

与开环系统相比,闭环控制系统有很大优势,比如有很强的抗干扰能力。控制过程中难免会有外界干扰影响被控对象的输出值,开环系统中,控制器无法得知最终输出值是否为预期值,只能做单一控制;而闭环控制系统中由于有反馈信号,当被控对象受到外部干扰,使得输出值与预期值有偏差时,控制器会继续发出控制信号,直到输出值达到预期值为止。

5.1.2 工业机器人控制系统的特点

常用的工业机器人的结构是空间开链结构,其各个关节的运动是独立的,为了使末端执行器按照规定轨迹移动,需要多关节的运动协调。因此,其控制系统与普通的控制系统相比要复杂得多。一般工业机器人控制系统包括工控 PC、运动控制卡、电气伺服系统、机械传动等部分,具体有如下特点。

1. 工业机器人的控制与机构运动学及动力学密切相关

机器人手足的状态可以在各种坐标下进行描述,因此,在运动过程中,机器人会根据需要选择不同的参考坐标系,并做适当的坐标变换。这就要实时地对正向运动学和反向运动学求解,除此之外还要考虑惯性力、外力(包括重力)、科氏力及向心力的影响。

2. 工业机器人有多个关节,也称为多自由度

简单的机器人至少有 3~5 个自由度,比较复杂的机器人有十几个甚至几十个自由度,其中最常见的是 6 自由度机器人。每个自由度一般包含一个伺服机构,它们必须协调起来,组成一个多变量的复杂控制系统。

3. 工业机器人控制系统必须是计算机控制系统

需要把工业机器人的多个独立的系统有机协调起来,使其按照人的意志行动,甚至赋予机器人一定的"智能",这个任务只能由计算机强大的计算能力来完成。同时,计算机软件也同样担负着艰巨的任务,通过软件编程,人类才可以与机器人控制系统进行有效的"沟通"。

4. 描述机器人状态和运动的数学模型是一个非线性模型

随着状态的不同和外力的变化,工业机器人的参数也在变化,各变量之间还存在耦合。因此,工业机器人的运动控制,往往不仅要利用位置闭环,还要利用速度闭环甚至加速度闭环。在整个控

微课:工业机器人控制系统的特点

制过程当中，交流伺服电动机的控制参数会实时反馈给运动控制卡。

5. 机器人的动作关键是寻找"最优"解

机器人的动作往往可以通过不同的方式和路径来完成，因此寻找"最优"解也是很有必要的。较高级的机器人可以用人工智能的方法，通过计算机建立起庞大的信息库，借助信息库进行控制、决策、管理和操作，用传感器和模式识别的方法获得对象及环境的工况，按照给定的指标要求，自动地选择最佳的控制规律。

5.1.3 工业机器人控制系统的基本结构

工业机器人控制系统是典型的闭环控制系统，那什么是工业机器人控制系统的具象载体呢？下面我们就一起来学习工业机器人控制系统的基本结构。

1. 工业机器人控制系统的硬件组成

工业机器人控制系统最核心的硬件为控制器，也被称为控制柜。控制系统的硬件具有两大功能，一是工业机器人的自身运动控制，二是工业机器人与周边设备的协调控制。如图 5-5 所示，工业机器人的自身运动由控制柜直接控制，通过传感器信号反馈，实时改变工业机器人的运动方式和轨迹动作；其与周边设备的协调控制，由示教器、外部接口和信息交互完成。

微课：工业机器人控制系统的基本结构

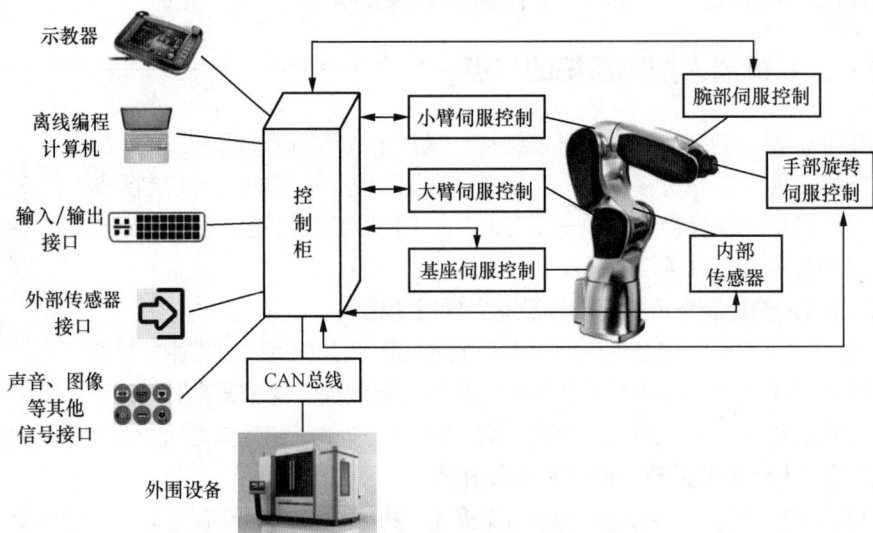

图 5-5 工业机器人控制系统硬件功能

工业机器人控制系统结构分为人机界面部分和运动控制部分，如图 5-6 所示，两大部分独立控制的同时，信号又实时交互。人机界面，主要完成人与机器人之间的"沟通"，也是操作人员参与机器人控制的核心装置，包括显示屏、通信接口和操作面板等；运动控制部分的功能则通过高速运算、可编程控制（通过 A/D 转换器和 D/A 转换器完成信号转换）、基本轴伺服控制、外部轴伺服控制等实现。

一个完整的工业机器人控制系统，有 3 种不同的控制方式，分别是集中式控制方式、主从式控制方式和分散式控制方式，如图 5-7 所示。集中式控制方式是指由一台或多台主计算机组成中心节点，数据集中存储于这个中心节点中，并整体控制工业机器人系统的所有功能，由于实时性和扩展性较差，已被逐步淘汰；主从式控制方式采用主、从两级处理器，实现系统的全部控制功能，主处理器又叫主计算机，从处理器又叫运动控制器，这种控制方式实时性较好，适用于高精度、高速度控制；分散式控制方式将控制系统按控制性质和方式分成几个模块，每一个模块各负责不同的控制任务和策略，各模块间可以是主从关系，也可以是平等关系，智能机器人或者多传感器机器人常采用分散式控制方式。

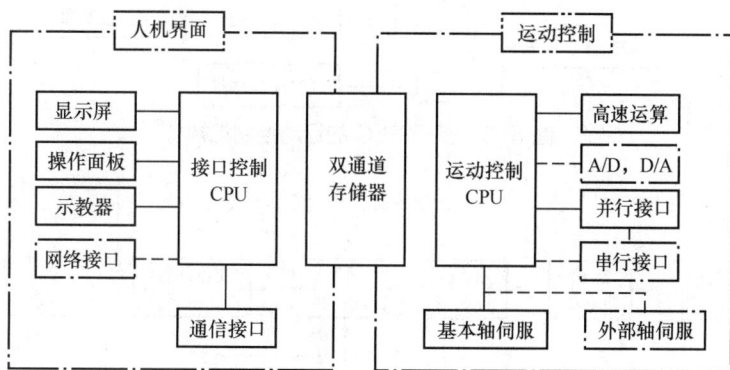

图 5-6　工业机器人控制系统结构

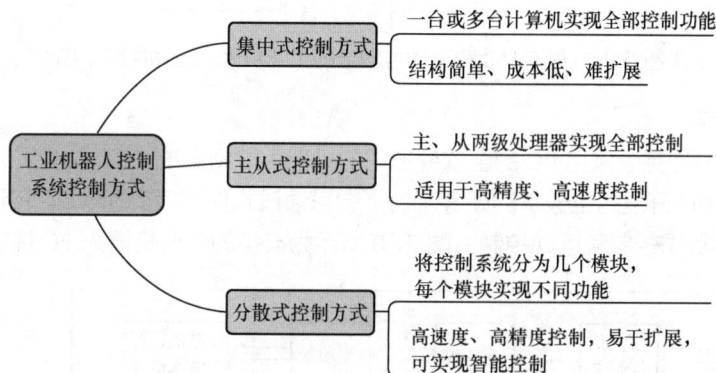

图 5-7　工业机器人控制系统控制方式

2. 工业机器人控制系统的构成方案

工业机器人控制系统的构成方案有 3 种：基于 PLC 的运动控制、基于 PC 和运动控制卡的运动控制和纯 PC 控制。

（1）基于 PLC 的运动控制

基于 PLC 的运动控制系统有两种设计方案。一是利用 PLC 的特定输出端口，使用脉冲输出指令来产生脉冲，从而驱动电动机，同时使用通用 I/O 或者计数部件（高速计数器）来实现电动机的闭环位置控制；二是使用 PLC 外部扩展的位置模块来进行电动机的闭环位置控制。图 5-8 所示为基于 PLC 的运动控制结构。此种运动控制结构为典型的闭环控制结构。

（2）基于 PC 和运动控制卡的运动控制

基于 PC 和运动控制卡的运动控制结构以运动控制卡为主，工控 PC 只提供插补运算和运动指令，运动控制卡完成速度控制和位置控制。此控制方式有两个反馈信号，分别是速度反馈信号和位置反馈信号，两种反馈信号均反馈给运动控制卡，由运动控制卡实时下达运动指令。此种控制方式可以根据速度和位置进行调速。图 5-9 所示为基于 PC 和运动控制卡的工业机器人运动控制结构。

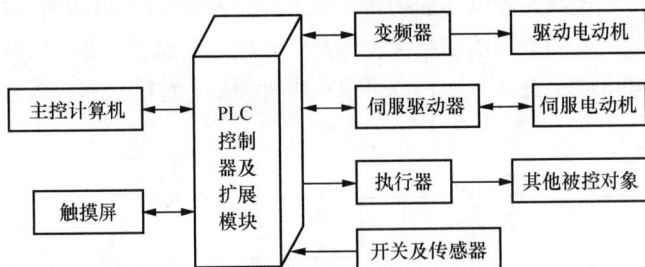

图 5-8　基于 PLC 的运动控制结构

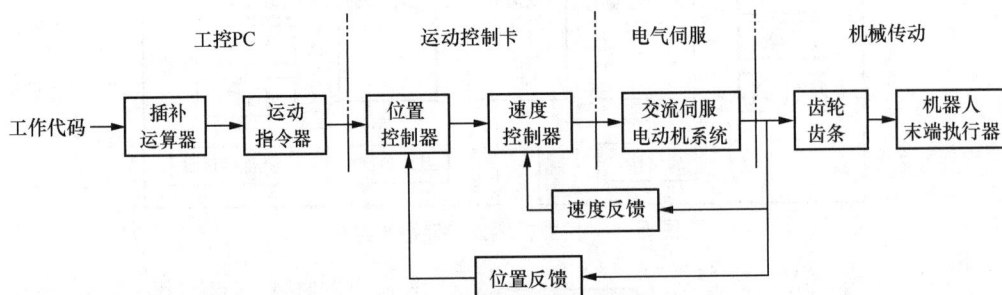

图 5-9　基于 PC 和运动控制卡的工业机器人运动控制结构

（3）纯 PC 控制

纯 PC 控制是一种完全采用 PC 的全软件形式的机器人控制系统。在高性能工业 PC 和嵌入式 PC（配备专为工业应用而开发的主板）的硬件平台上，可通过软件程序实现 PLC 和运动控制等功能，实现机器人需要的逻辑控制和运动控制。图 5-10 所示为典型的工业机器人 PC 控制系统。

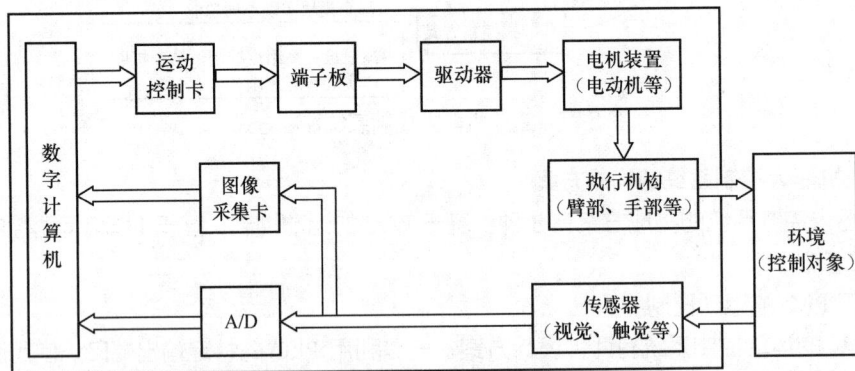

图 5-10　典型的工业机器人 PC 控制系统

基于 PC 的控制系统充分利用 PC 资源开放性的特点，可以对多种不同的控制对象进行控制策略的调整，多种控制卡、传感器设备等都可以通过标准 PCI 插槽或通过标准串口、并口集成到控制系统中。因此，其扩展性非常强。近年来，我国很多科技公司都自主研发了以工业 PC 为载体的工业机器人自动化控制系统。例如，人通智能科技有限公司自主研发的控制系统 RIMC 就是以工业 PC 为载体的控制系统，将传统 PLC、HMI、远程 I/O、安全 PLC、现场总线技术、EtherCAT、运动控制、机器人控制集成于一体，无缝对接智能制造。

3. 工业机器人控制系统的典型功能体系

接下来，我们以一个典型的基于 PC 和运动控制卡的控制结构为例，进一步介绍控制系统硬件结构和工作方式，图 5-11 所示为简化的典型控制系统硬件工作分工。

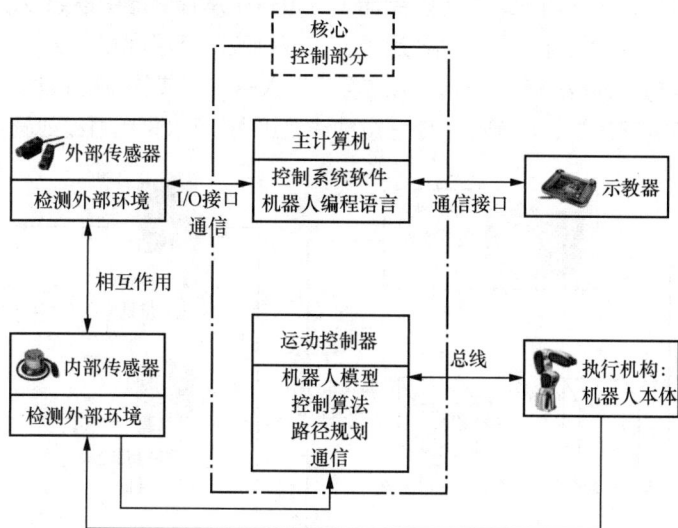

图 5-11　典型控制系统硬件工作分工

主计算机内含有系统板卡，并配有多种接口，包括可以与外围设备相连的操作接口、网络接口、I/O 接口等。典型的系统板卡内包含局部 RAM、EPROM、计算器、寄存器、计时器和中断系统等，可以完成系统数据的存储。

运动控制器内包含运动学板卡和动力学板卡，运动学板卡可以执行运动学计算、轨迹可行性分析以及冗余计算等；动力学板卡可以执行动力学计算。

如果采用集中式控制方式，则运动控制器集成于主计算机中，这样就变成了纯 PC 控制。

5.1.4　工业机器人的运动控制

工业机器人是一种自动化的、位置可控的、具有编程能力的多功能机械手，主要借助可编程序来处理各种材料、零件、工具和专用装置，以执行各种任务。因此工业机器人运动控制的关键是对末端执行器位姿的控制。工业机器人的运动控制方式主要包括点位控制、连续路径控制和轨迹控制、力矩控制、智能控制等。其中点位控制和连续路径控制是运动控制的基础，保证了工业机器人的基本运动控制功能。

1. 点位控制

点位（Point to Point，PTP）控制只关心机器人末端执行器运动的起点和目标点位姿，不关心这两点之间的运动轨迹。在此种运动控制过程中，操作员只需强调位姿指令，不需要对路径进行规定。

2. 连续路径控制

连续路径（Continuous Path，CP）控制不仅关心机器人末端执行器达到目标点的精度，而且必须保证机器人能沿所期望的轨迹在一定精度范围内重复运动。

3. 轨迹控制

轨迹控制（Trajectory Control，TC）是包含速度规划的连续路径控制，以点到点运动为基础，通过在相邻两点之间采用满足精度要求的直线或圆弧插补运算即可实现轨迹的连续化。在示教再现的编程过程中，当机器人示教再现时，主控制器（上位机）从存储器中逐点取出各示教点空间位姿坐标值，通过对其进行直线插补或圆弧插补运算，生成相应的路径规划，然后把各插补点的位姿坐标值通过运动学逆运算转换成关节角度值，分送至机器人各关节或关节控制器（下位机），如图 5-12 所示。如果运动轨迹为非线性、非圆弧（即任意曲线轨迹），可以采用直线或圆弧近似逼近。

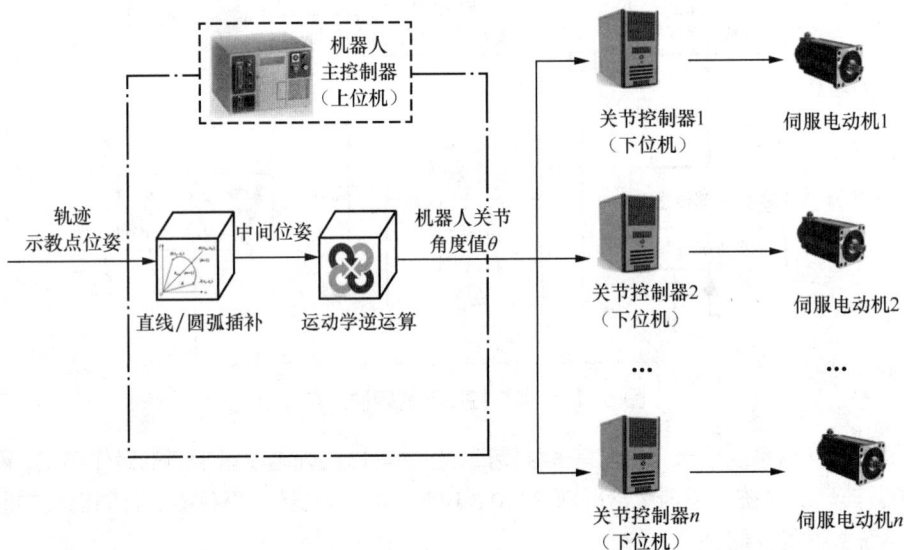

图 5-12　机器人轨迹插补控制

4. 力矩控制

装配和固定物体时，除了精确定位外，所用的力或力矩必须适当。在这种情况下，必须使用伺服力矩控制。这种控制方式的原理与位置伺服控制的基本相同，只是输入和反馈的不是位置信号，而是力矩信号，因此，该系统必须具有强大的力矩传感器。有时可利用传感器的逼近和滑动等功能进行自适应控制。

5. 智能控制

机器人的智能控制（Intelligent Control，IC）是指通过传感器获取周围环境的知识，并根据其内部知识库做出相应的决策。智能控制技术使机器人具有较强的环境适应性和自主学习能力。智能控制技术的发展有赖于近年来人工神经网络、遗传算法和专家系统的迅速发展。也许在这种控制模式下，工业机器人才真的算是"人工智能"，但也最难以控制。除算法外，它还严重依赖于元件的精度。

【技能训练】

5.1.5　工业机器人位置控制选择

工业机器人控制方式的选择，是由工业机器人所执行的任务决定的，对不同类型机器人有不同的控制方式。其中，位置控制方式选择在机器人示教再现控制过程中非常重要。根据 5.1.4 节可知，工业机器人位置控制主要分为两种方式，点位控制和连续路径控制。

1. 点位控制

如图 5-13 所示，若选用 PTP 的方式控制机器人末端执行器沿 $A→B→C→D$ 的顺序移动，有多种路径，机器人会沿任一路径运动。PTP 控制方式简单易实现，适用于仅要求位姿准确度的场合。

请同学们在纸上随意绘制点位，模拟机器人绘制点位控制路径。

2. 连续路径控制

如图 5-14 所示，若要求机器人末端执行器由 A 点移动至 B 点再移动至 C 点，则有多种路径，但若必须为直线运动，那么只能沿路径②和路径⑤移动。CP 控制方式适用于要求位姿准确度及重复性的场合。

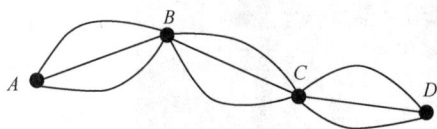

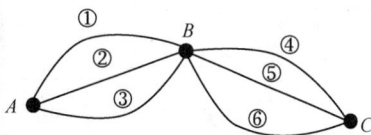

图 5-13　点位控制　　　　图 5-14　连续路径控制

请同学们在纸上随意绘制点位，模拟机器人绘制连续路径控制路径。

3. 不同应用场景控制方式选择

根据两种位置控制方式的特点，选择应用场景的控制方式，在表 5-1 所示的对应控制方式处打√。

表 5-1　不同应用场景控制方式选择

应用场景	点位控制	连续路径控制
码垛		
弧焊		
搬运		
切割		
分拣		
点焊		
打磨		
涂装		

5.2　ABB 工业机器人控制柜和 I/O 板卡

【相关知识】

5.2.1　认识 IRC 紧凑型控制柜各接口

前文我们已经介绍了工业机器人控制系统的基本结构和控制方式，知道了其核心硬件就是控制柜，本部分就以 ABB IRB120 型号机器人配合使用的 IRC5 紧凑型控制柜为例，介绍控制柜的组成。通过对控制柜内部硬件组成的认识，了解控制柜中各模块的功能，这对控制柜的设计、安装、调试等方面都有很大意义。

控制柜内部由机器人系统所需部件和相关附件组成，包括主计算机、机器人驱动器、计算机、安全面板、系统电源、配电板、电源模板、电容、接触器接口板和 I/O 板卡等。各部件通过接口与外围设备相连接。

各部件的具体接口如下所述。

1. 控制柜接口

（1）机器人主电缆接口，用于连接机器人与控制器动力线；220 V 电源接入口，用于给机器人各轴运动提供电源，如图 5-15 所示。

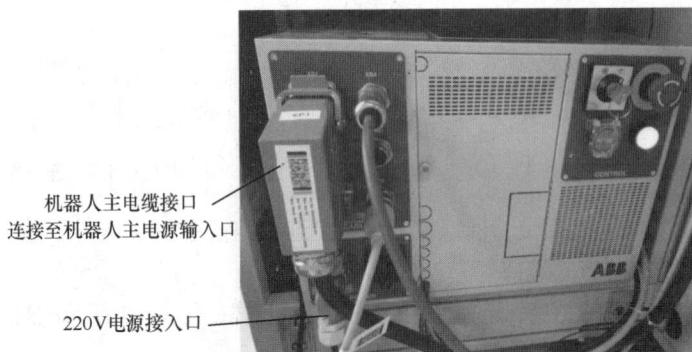

图 5-15　主电缆接口和电源接入口

（2）示教器电缆接口，用于连接机器人示教器电缆的接口；力控制选项信号电缆接口，当配有力控制选项时，使用此接口；SMB 电缆接口，此接口连接至机器人 SMB 输出口，如图 5-16 所示。

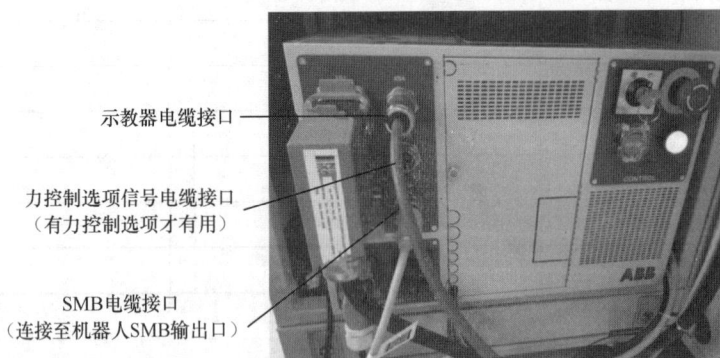

图 5-16　示教器电缆接口、力控制选项信号电缆接口、SMB 电缆接口

（3）模式选择运行开关，用于选择机器人的手动或自动运行模式；急停按钮，紧急情况下，按下急停按钮可停止机器人动作；机器人本体制动按钮，控制机器人运动轴的制动装置，仅适用于 IRB120 机器人；机器人电动机上电/复位按钮，用于从紧急停止状态恢复到正常状态，如图 5-17 所示。

（4）急停输入接口，用于连接急停输入信号；安全停止接口，用于连接安全停止信号；主电源控制开关，用于关闭或启动机器人控制器，如图 5-18 所示。

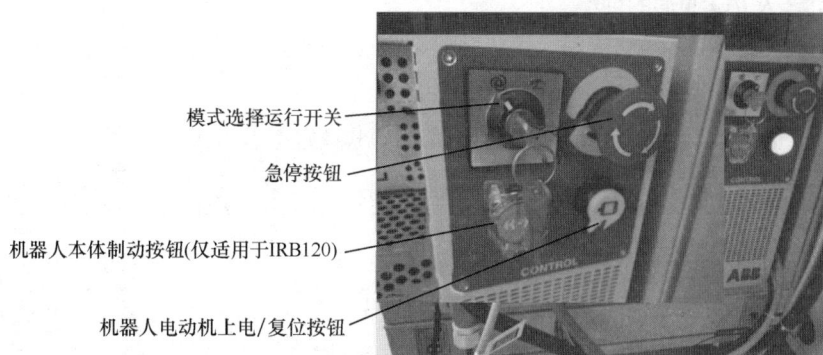

图 5-17 模式选择运行开关、急停按钮、机器人本体制动按钮、机器人电动机上电/复位按钮

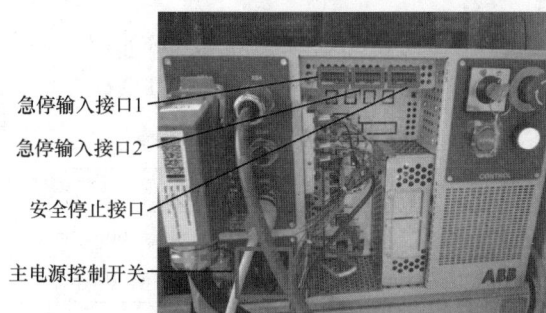

图 5-18 急停输入接口、安全停止接口、主电源控制开关

2. 通信接口

通信接口包括：服务端口，用于连接 PC 端；WAN 口；RS-232 串口及调试端口；主电源控制开关接口，如图 5-19 所示。

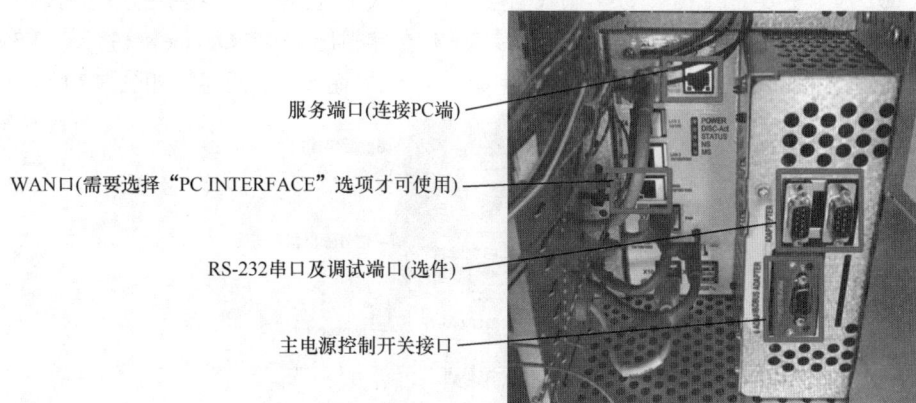

图 5-19 通信接口

5.2.2 认识 DSQC652 板卡

工业机器人控制器中的核心板卡有多种类型。不同板卡有不同通信接口，对应不同控制方式。对于 IRB120 型号机器人的小型控制柜 IRC，常用的板卡为 DSQC652（本部分对此板卡展开学习）。

1. 工业机器人 I/O 通信的种类

机器人拥有丰富的 I/O 通信接口，可以轻松地实现与周边设备的通信，其具备的 I/O 通信方式见表 5-2。

表 5-2　机器人 I/O 通信方式

PC	现场总线	ABB 标准
RS-232 通信 OPC server Socket Message	Device Net Profibus Profibus-DP Profinet EtherNet IP	标准 I/O 板 PLC

2. 常用标准 I/O 板卡

机器人常用的标准 I/O 板卡有 DSQC651、DSQC652、DSQC653、DSQC355A、DSQC377A 这 5 种，除分配地址不同外，其配置方法基本相同。常用的标准 I/O 板卡见表 5-3。

表 5-3　常用的标准 I/O 板卡

序号	型号	说明
1	DSQC651	分布式 I/O 模块，di8、do8、ao2
2	DSQC652	分布式 I/O 模块，di16、do16
3	DSQC653	分布式 I/O 模块，di8、do8 带继电器
4	DSQC355A	分布式 I/O 模块， di4、do4
5	DSQC377A	输送链跟踪单元

3. DSQC652 标准 I/O 板卡

DSQC652 板卡主要提供 16 个数字输入信号和 16 个数字输出信号，其中包括信号输出指示灯、X1 和 X2 数字输出接口（两个接口均为 8 位，共 16 位数字输出）、X5 DeviceNet 接口、X3 和 X4 数字输入接口（两个接口均为 8 位，共 16 位数字输入）、信号输入指示灯等，如图 5-20 所示。

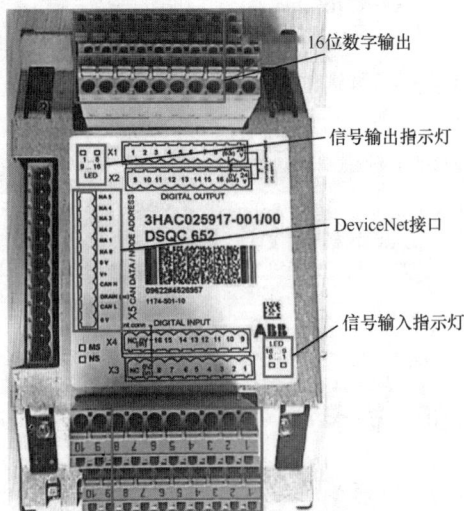

图 5-20　DSQC652 板卡

（1）X1 端子

X1 端子接口包括 8 位数字输出，地址分配见表 5-4。

表 5-4　X1 端子地址分配

X1 端子编号	使用定义	地址分配
1	OUTPUT CH1	0
2	OUTPUT CH2	1
3	OUTPUT CH3	2
4	OUTPUT CH4	3
5	OUTPUT CH5	4
6	OUTPUT CH6	5
7	OUTPUT CH7	6
8	OUTPUT CH8	7
9	0 V	
10	24 V	

（2）X2 端子

X2 端子接口包括 8 位数字输出，地址分配见表 5-5。

表 5-5　X2 端子地址分配

X2 端子编号	使用定义	地址分配
1	OUTPUT CH9	8
2	OUTPUT CH10	9
3	OUTPUT CH11	10
4	OUTPUT CH12	11
5	OUTPUT CH13	12
6	OUTPUT CH14	13
7	OUTPUT CH15	14
8	OUTPUT CH16	15
9	0 V	
10	24 V	

（3）X3 端子

X3 端子接口包括 8 位数字输入，地址分配见表 5-6。

表 5-6　X3 端子地址分配

X3 端子编号	使用定义	地址分配
1	INPUT CH1	0
2	INPUT CH2	1
3	INPUT CH3	2
4	INPUT CH4	3
5	INPUT CH5	4

续表

X3 端子编号	使用定义	地址分配
6	INPUT CH6	5
7	INPUT CH7	6
8	INPUT CH8	7
9	0 V	
10	未使用	

（4）X4 端子

X4 端子接口包括 8 位数字输入，地址分配见表 5-7。

表 5-7　X4 端子地址分配

X4 端子编号	使用定义	地址分配
1	INPUT CH9	8
2	INPUT CH10	9
3	INPUT CH11	10
4	INPUT CH12	11
5	INPUT CH13	12
6	INPUT CH14	13
7	INPUT CH15	14
8	INPUT CH16	15
9	0 V	
10	未使用	

（5）X5 端子

DSQC652 标准 I/O 板卡通过总线接口 X5 与 DeviceNet 总线进行通信，X5 端子使用定义见表 5-8。

表 5-8　X5 端子使用定义

X5 端子编号	使用定义
1	0 V BLACK
2	CAN 信号线 low BLUE
3	屏蔽线
4	CAN 信号线 high WHITE
5	24 V RED
6	GND 地址选择公共端
7	模块 ID bit0（LSB）
8	模块 ID bit1（LSB）
9	模块 ID bit2（LSB）
10	模块 ID bit3（LSB）
11	模块 ID bit4（LSB）
12	模块 ID bit5（LSB）

X5 为 DeviceNet 通信端口，地址由总线接口上的地址针脚编码生成，如图 5-21 所示，DSQC652 板卡上的 6～12 号端子对应 DeviceNet 的总线接口。例如，当前接口剪断了 8 号、10 号地址针脚，则其对应的总线地址为 2+8=10，此时总线地址为 10。

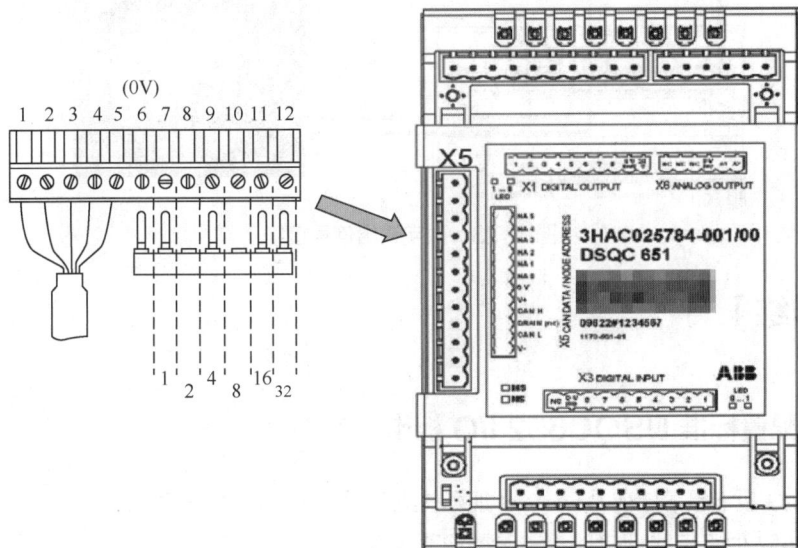

图 5-21　X5 端口剪线图

4．I/O 地址分配和接线

（1）I/O 地址分配

di1 连接启动按钮，do1 连接信号指示灯，go1 的输出值随 di1 信号发生改变，具体 I/O 地址分配如表 5-9 所示。

表 5-9　I/O 地址分配

输入	信号说明	输出	信号说明
di1	启动按钮	do1	信号指示灯
di1	…	go1	组信号

（2）数字输入信号接线

数字输入信号接线示例如图 5-22 所示，利用输入端口 1 接收按钮状态。

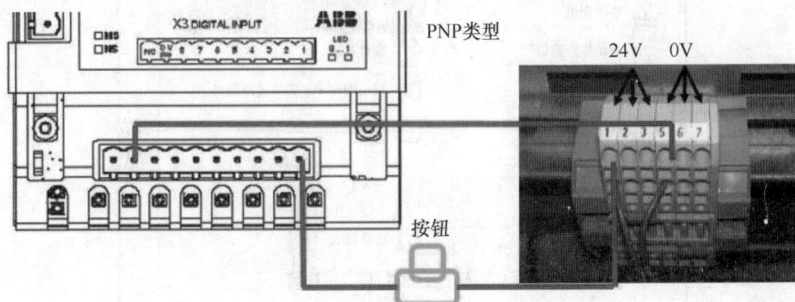

图 5-22　数字输入信号接线

（3）数字输出信号接线

数字输出信号接线示例如图 5-23 所示，利用输出端口 1 控制指示灯发光。

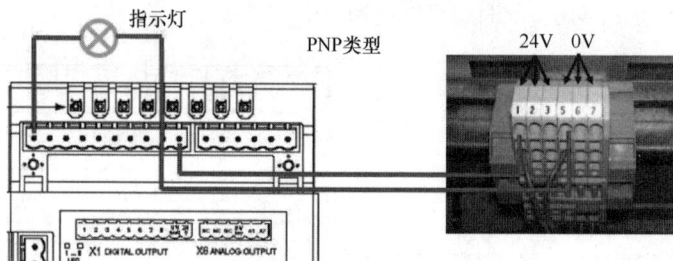

图 5-23　数字输出信号接线

【技能训练】

5.2.3　配置标准 DSQC652 I/O 板卡

ABB 标准 I/O 板卡是下挂在 DeviceNet 现场总线下的设备，通过 X5 端口与 DeviceNet 现场总线进行通信。DSQC652 板卡总线连接的相关参数说明见表 5-10。

表 5-10　DSQC652 板卡总线连接的相关参数说明

参数名称	设定值	说明
Name	board10	设定 I/O 板卡在系统中的名字
Network	DeviceNet	I/O 板卡连接的总线
Address	10	设定 I/O 板卡在总线中的地址

信号板卡配置操作步骤如下。

步骤 1：进入示教器主界面，单击左上角下拉按钮，出现主菜单，如图 5-24 所示，单击"控制面板"选项卡。

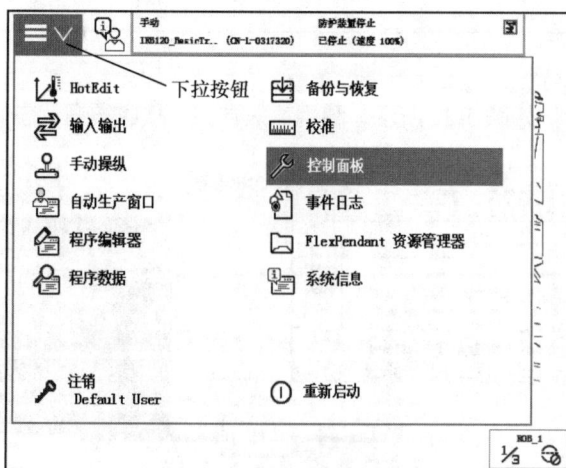

图 5-24　示教器主菜单

步骤 2：如图 5-25 所示，在控制面板界面单击"配置"选项卡。

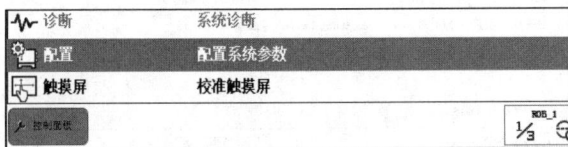

图 5-25　控制面板界面

步骤 3：在图 5-26 所示的配置界面双击"DeviceNet Device"，在出现的界面中单击最下方的"添加"按钮。

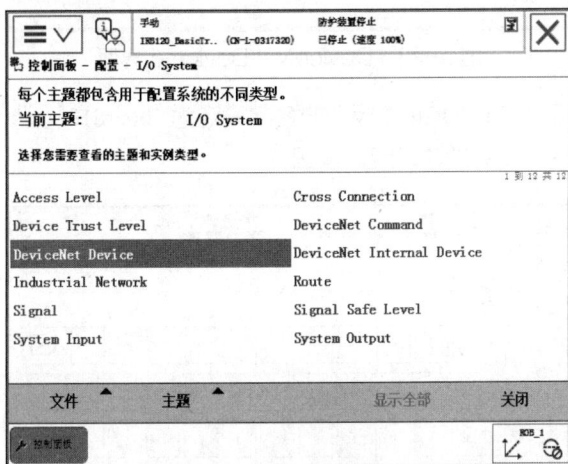

图 5-26　配置界面

步骤 4：如图 5-27 所示，在此界面单击"使用来自模板的值"对应的下拉按钮（见图 5-27 中的 1）；将图 5-27 所示的"DSQC 651 Combi I/O Device"选项（见图 5-27 中的 2）改为"DSQC 652 24 VDC I/O Device"选项。

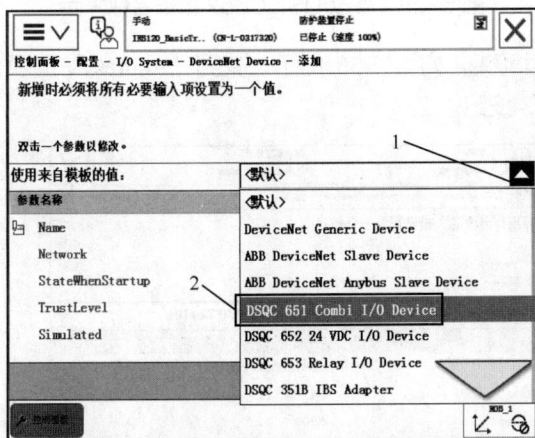

图 5-27　添加"DeviceNet Device"界面

步骤 5：在图 5-28 所示的界面中，双击"Name"进行 DSQC652 板卡在系统中名字的设定（如果不修改，则名字是默认的"tmp0"）。

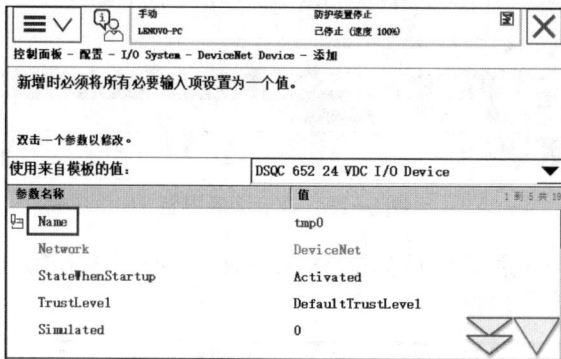

图 5-28　DeviceNet Device 主界面

步骤 6：如图 5-29 所示，将 DSQC652 板卡的名字设定为 "board10"（10 代表此模块在 DeviceNet 总线中的地址，以方便识别），单击 "确定" 按钮。

图 5-29　修改 DSQC652 板卡名称界面

步骤 7：单击向下翻页箭头，如图 5-30 所示，找到 "Address" 选项，将 "Address" 后的值设定为 10，然后单击 "确定" 按钮。

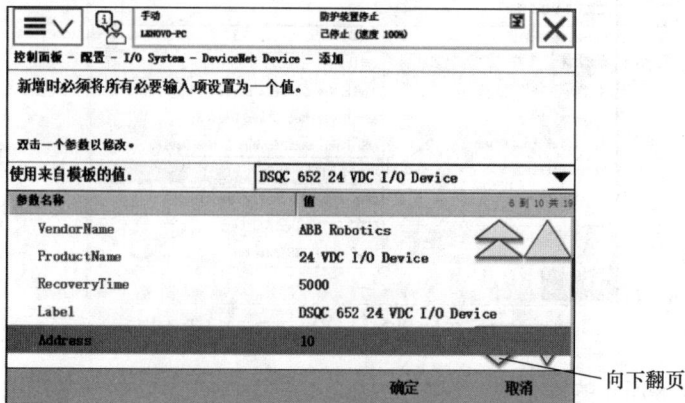

图 5-30　"Address" 修改值界面

步骤 8：出现图 5-31 所示界面，单击"是"按钮，这样 DSQC652 板卡定义就完成了。

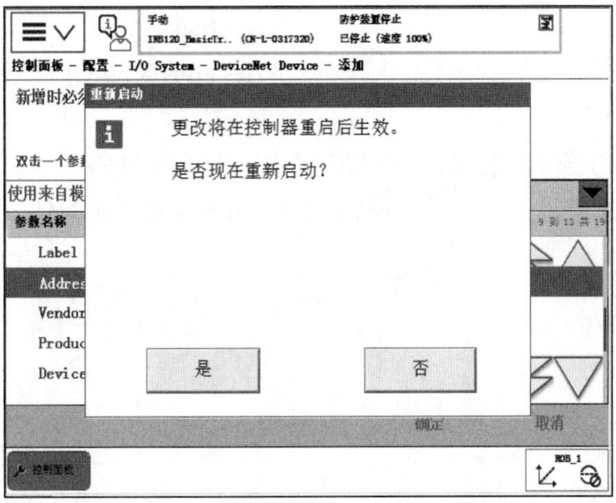

图 5-31 "Address"值修改后界面

【模块小结】

通过对本模块的学习，同学们首先掌握了工业机器人控制系统的特点和基本结构以及运动控制，知道了工业机器人控制系统比传统的控制系统更为复杂；然后通过机器人控制系统结构图的绘制，培养了对于工业机器人控制系统设计的能力；最后，以 ABB IRB120 型号机器人配合使用的 IRC5 紧凑型控制柜为例，展开学习控制柜的接口功能、配套的 I/O 板卡功能，并通过文字加图片的形式认识了配置标准 DSQC652 I/O 板卡的步骤。

【巩固练习】

一、选择题

1. 工业机器人控制系统基本结构的构成方案有哪几种？（　　）

① 基于 PLC 的运动控制；②基于 PC 和运动控制卡的运动控制；

③ 纯运动卡控制；④纯 PC 控制

A. ①②③　　　　　　　　　　　　　　　B. ①③④

C. ①②④　　　　　　　　　　　　　　　D. ②③④

2. （　　）又称 PTP 控制，这种方式只控制起始点和终点的位姿，控制时只要求快速、准确地实现两点之间的运动，而对两点之间的运动轨迹不做任何规定。

　　A. 点动控制　　　　　　　　　　　　　B. 点位控制

　　C. 间断轨迹控制　　　　　　　　　　　D. 连续轨迹控制

3. 按照控制系统的硬件组成结构划分，机器人的控制系统一般分为（　　）

①集中式控制；②主从式控制；③分散式控制；④点对点控制

A. ①②③　　　　　　　　　　　　　　　B. ①③④

C. ①②④   D. ②③④

4. DSQC 652 板卡能接收的数字量输入信号类型是（   ）。

A. NPN   B. PNP

C. NPN 或 PNP   D. NPN 和 PNP

二、简答题

1. 工业机器人系统的硬件包括哪些？这些硬件都有什么功能？

2. 什么是开环控制系统？什么是闭环控制系统？闭环控制系统有什么优势？

模块6
工业机器人的手动操纵

06

【学习导读】

为主动应对新一轮科技革命与产业变革，服务创新驱动发展等一系列国家战略，2017 年 2 月以来，教育部积极推进新工科建设，要求培养具有更强实践能力的人才。规范操纵工业机器人，就是学习工业机器人相关课程的实践能力要求。

对于工业机器人来说，操作者可以通过示教器来控制机器人各关节的动作，也可以通过运行已有程序来实现机器人的自动运行。利用示教器手动操纵工业机器人是机器人示教编程的基础，也是示教再现的前提。

通过对本模块的学习，同学们将会掌握工业机器人手动操作的安全规程、示教器的使用方法、示教器的初始值设置、在典型坐标系下手动操纵工业机器人以及工业机器人工具坐标系和工件坐标系的建立。

【学习目标】

知识目标
- 牢记工业机器人手动操纵的安全规程；
- 熟悉工业机器人示教器屏幕、按键使用方法；
- 掌握在不同坐标系下手动操纵机器人的 3 种运动方式；
- 掌握工业机器人工具坐标系和工件坐标系的标定方法。

技能目标
- 能按照工业机器人手动操纵的安全规程操纵机器人；
- 能够正确使用工业机器人示教器；
- 熟练操纵工业机器人在不同坐标系下运动；
- 能够按照作业要求正确标定工业机器人的工具坐标系和工件坐标系。

素养目标
- 夯实基础，提升对知识的总结和深入思考的能力；
- 培养工程意识、绿色生产意识，掌握工业机器人安全操纵方法；
- 提升自主探究能力和团队协作能力；
- 通过工业机器人坐标系的标定训练，提升动手能力，培养精益求精的工匠精神。

【思维导图】

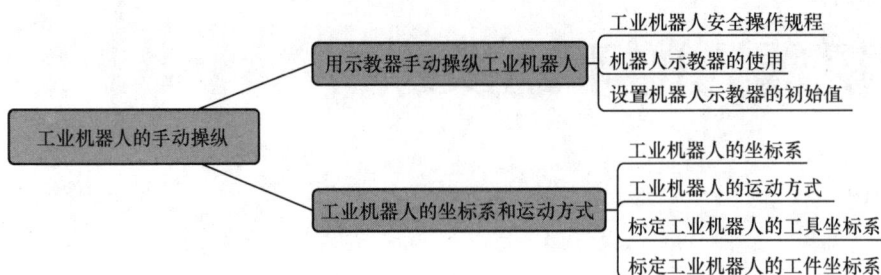

6.1 用示教器手动操纵工业机器人

【相关知识】

6.1.1 工业机器人安全操作规程

工业机器人具有运动范围大、运动速度快、可重复编程等特点，要求使用者必须具有专业的操作、编程、维护能力，并严格遵守机器人的安全操作规程，否则很容易出现危险性事故，造成人员伤害。

1. 在线示教安全操作

（1）禁止用力摇晃机械臂或在机械臂上悬挂重物。

（2）示教时请勿戴手套。请穿戴和使用规定的工作服、安全鞋、安全帽、保护用具等。

（3）未经许可不能擅自进入机器人工作区域。调试人员进入机器人工作区域时，需要随身携带示教器，以防他人误操作。

（4）示教前，需仔细确认示教器的安全保护装置（如急停键、安全开关等）是否能够正确工作。急停键一般在控制柜、示教器、操作台醒目位置，如图 6-1 所示。急停键通常为红色。

图 6-1　急停键

（5）在手动操作机器人时要采用较低的速度以增加对机器人的控制机会。

（6）在按下示教器上的轴操作键之前要考虑机器人的运动趋势。

微课：工业机器人安全操作规程

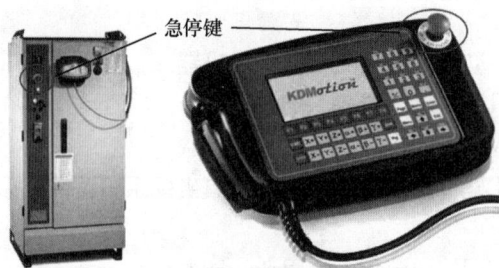

（7）要预先考虑好避让机器人的运动轨迹，并确认该路径不受干涉。

（8）在察觉到有危险时，立即按下急停键，使机器人停止运转。

2. 自动运行安全操作

（1）机器人处于自动模式时，严禁进入机器人本体动作范围。

（2）在运行作业程序前，必须知道机器人根据所编程序将要执行的全部任务。

（3）使用由其他系统编制的作业程序前，要先跟踪一遍确认动作，再使用该程序。

（4）必须知道所有会控制机器人移动的开关、传感器和控制信号的位置和状态。

（5）必须知道机器人控制器和外围控制设备上的急停键的位置，准备在紧急情况下按下这个按键。

（6）永远不要认为机器人没有移动，其程序就已经完成，此时机器人很可能是在等待让它继续移动的输入信号。

3. 安全守则

（1）万一发生火灾，请使用二氧化碳灭火器灭火。

（2）急停键（E-Stop）不允许被短接。

（3）在任何情况下，不要使用机器人原始启动盘，应使用复制盘。

（4）机器人停机时，夹具上不应夹物，必须空机。

（5）在机器人发生意外或运行不正常等情况下，均可使用急停键，使其停止运行。

（6）因为机器人在自动状态下，即使运行速度非常低，其动量仍很大，所以在进行编程、测试及维修等工作时，必须将机器人置于手动模式。

（7）气路系统中的压力可达 0.6 MPa，任何相关检修都要切断气源。

（8）在手动模式下调试机器人，如果不需要移动机器人，必须及时释放使能按钮（Enable Device）。

（9）在收到停电通知时，要预先切断机器人的主电源及气源。

（10）突然停电后，要赶在来电之前关闭机器人的主电源开关，并及时取下夹具上的工件。

（11）维修人员必须保管好机器人钥匙，严禁非授权人员在手动模式下进入机器人软件系统，随意翻阅或修改程序及参数。

（12）严格执行生产现场 6S 管理规定和安全制度。

（13）严格按照机器人的标准化操作流程进行操作，严禁违规操作。

4. 现场作业产生的废弃物处理

（1）现场作业产生的危险废弃物包括废工业电池、废电路板、废润滑油、废油脂、沾油废棉丝和抹布、废油桶、损坏零件、废包装材料等。

（2）现场作业产生的废弃物处理方法。

① 现场作业产生的损坏零件由公司现场服务人员或客户修复后再使用。

② 废包装材料，建议客户交回收公司回收再利用。

③ 现场作业产生的废工业电池和废电路板，由公司现场服务人员带回后交还供应商，或由客户保管，在购买新电池时作为交换物。

④ 废润滑油、废油脂、废油桶、沾油废棉丝和抹布等，分类收集后交给专业公司处理。

6.1.2　机器人示教器的使用

我们以 ABB 工业机器人的示教器（见图 6-2）为例，来学习示教器的硬件构成和使用方法。

示教器也称示教编程器或示教盒，主要由液晶屏幕和操作按键组成，可由操作者手持移动，它是机器人的人机交互接口，机器人的所有操作基本上都是通过它来完成的。示教器实质上就是一个专用的智能终端，主要通过串口的方式与控制系统相连，再将控制信号输出给工业机器人本体，完成控制。

示教器具体硬件及其功能说明如图 6-3 和表 6-1 所示。

微课：机器人的
示教器

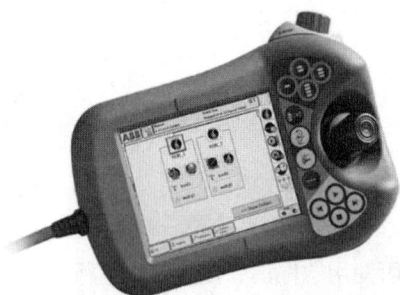

图 6-2　ABB 工业机器人示教器

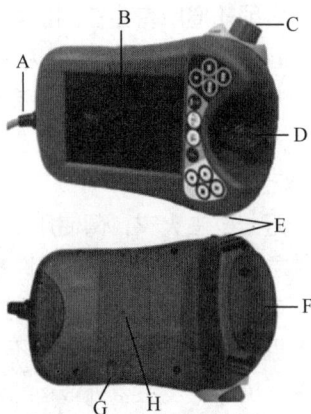

图 6-3　示教器硬件

表 6-1　示教器硬件功能说明

标号	部件名称	说明
A	连接器	与机器人控制柜连接
B	触摸屏	用于机器人程序的显示和状态的显示
C	急停键	紧急情况时按下，使机器人停止
D	操纵杆	控制机器人的各种运动，如单轴运动、线性运动
E	USB 接口	数据备份与恢复用 USB 接口，可插 U 盘/移动硬盘等存储设备
F	使能按钮	给机器人的各伺服电动机使能上电
G	触摸笔	与触摸屏配合使用
H	重置按钮	将示教器重置为出厂状态

其中，触摸屏也叫显示屏。显示屏主要分为 4 个显示区。

（1）菜单显示区：显示主菜单和子菜单。

（2）通用显示区：在通用显示区，可对作业程序、特性文件、各种设定进行显示和编辑。

（3）状态显示区：显示系统当前状态，如动作坐标系、机器人移动速度等，显示的信息根据控制柜模式（示教或再现）的不同而改变。

（4）人机对话显示区：在机器人示教或自动运行过程中，显示功能图标以及系统错误信息等。

另外，ABB 机器人示教器显示屏的右侧还有几组功能按键，如图 6-4

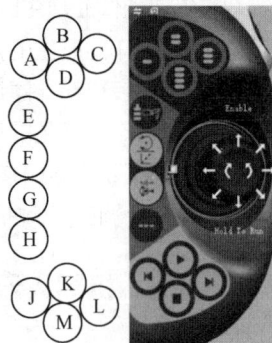

图 6-4　示教器功能按键

和表 6-2 所示。

表 6-2　示教器功能按键说明

标号	说明
A~D	预设按键，可以根据实际需求设定按键功能
E	选择机械单元（用于多机器人控制）
F	切换运动模式，机器人重定位或者线性运动
G	切换运动模式，实现机器人的单轴运动，轴 1~3 或轴 4~6
H	切换增量（增益）控制模式，开启或者关闭机器人增量运动
J	后退按键，使程序逆向运动，程序运行到上一条指令
K	启动按键，机器人正向连续运行整个程序
L	前进按键，使程序正向单步运行程序，按一次，执行一条指令
M	暂停按钮，机器人暂停运行程序

作业示教时必须按照规定的手持方式进行。具体手持方式如图 6-5 所示。左手手持，四指穿过张紧带，手指放置于使能按钮，掌心与拇指握紧示教器。使能按钮分为两挡，在手动状态下第一挡按钮按下去时机器人将处于电动机开启状态。只有在按下使能按钮并保持电动机开启的状态时才可以对机器人进行手动的操纵和程序的调试。第二挡按钮按下时机器人会处于防护停止状态。操作机器人示教器时，左手手指需持续按住使能按钮不放。

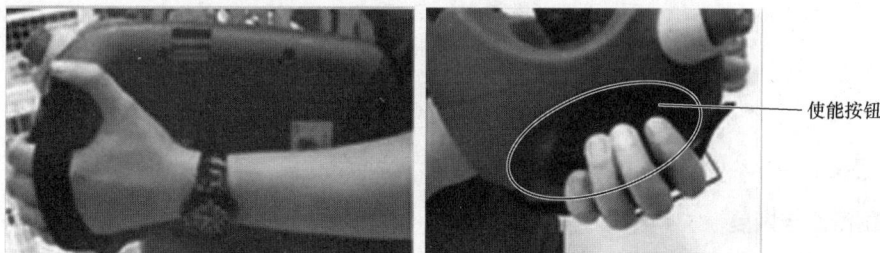

使能按钮

图 6-5　示教器的手持方式

【技能训练】

6.1.3　设置机器人示教器的初始值

在使用示教器进行手动操纵之前，首先要完成初始操作，主要包括显示语言、数据备份与恢复、常用信息与事件查看等。

1. 设定示教器的显示语言

步骤 1：将控制柜旋钮转到手动模式；打开示教器主界面，单击左上角下拉按钮，在打开的主菜单中单击"Control Panel"选项，如图 6-6 所示。

步骤 2：在弹出的图 6-7 所示界面单击"语言"选项，并将语言设置为中文，然后重启示教器。

微课：机器人示教器的初始操作

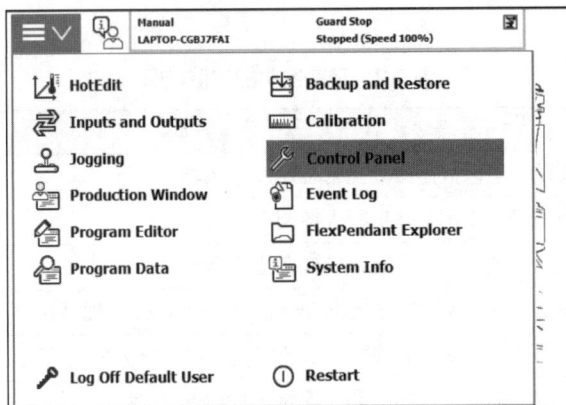

图 6-6　选择设置选项

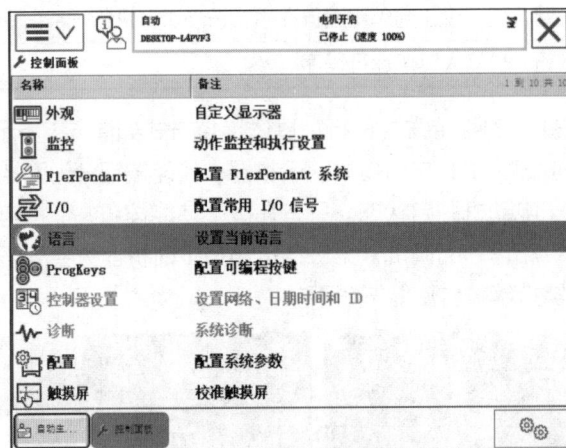

图 6-7　设置语言类别

2. 数据备份与恢复

步骤 1：打开示教器主界面，单击左上角下拉按钮，在主菜单中单击选择"备份与恢复"选项，如图 6-8 所示。

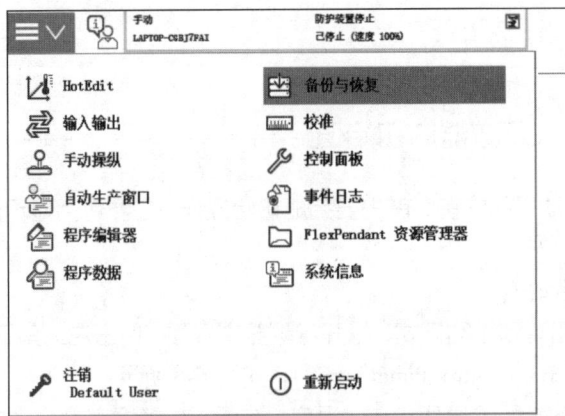

图 6-8　选择"备份与恢复"选项

步骤 2：在弹出的界面选择"备份当前系统"，如图 6-9 所示。

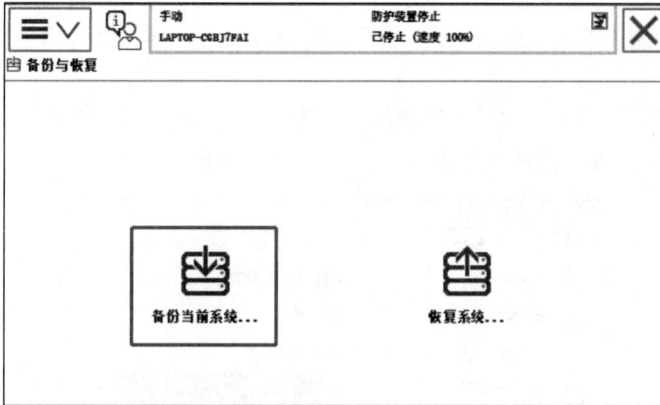

图 6-9　选择"备份当前系统"

步骤 3：如图 6-10 所示，单击"备份路径"后的"…"按钮，选择合适的备份路径，单击"备份"按钮，完成系统备份。

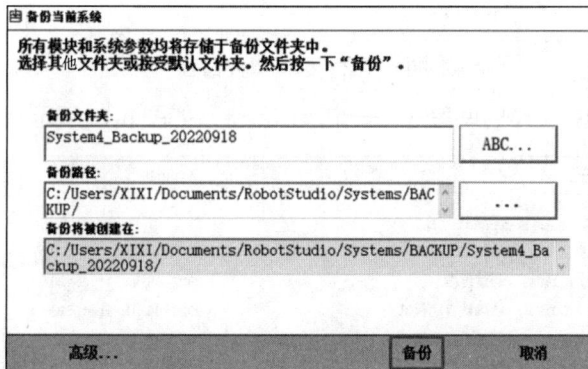

图 6-10　选择备份路径并备份

步骤 4：恢复系统与备份系统类似，进入"步骤 2"中界面，选择"恢复系统"，进入图 6-11 所示界面，单击"…"按钮，选择之前备份的系统，单击"恢复"按钮。

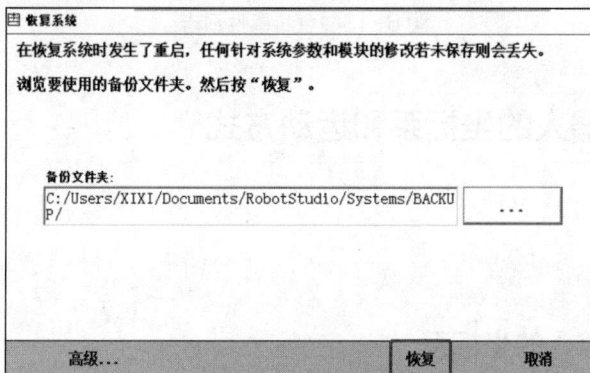

图 6-11　恢复系统

3. 查看 ABB 工业机器人常用信息与事件日志

在操作机器人过程中，可以通过机器人的状态栏查看机器人相关信息，如机器人的状态（手动、全速手动和自动）、机器人的系统信息、机器人电动机状态、程序运行状态及当前机器人或外轴的使用状态。

步骤 1：机器人常用信息和事件日志的查看有 2 种方式，单击主菜单下的"事件日志"，或单击窗口上方状态栏，均可以查看机器人的事件日志，如图 6-12 所示。

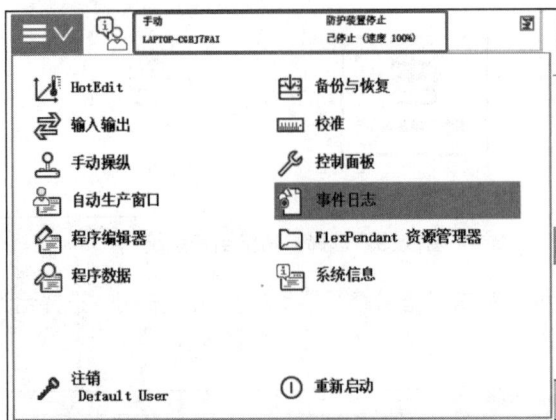

图 6-12　选择事件日志

步骤 2：事件日志包括每个时间段的每一个操作步骤，如图 6-13 所示。

图 6-13　查看事件日志

6.2　工业机器人的坐标系和运动方式

【相关知识】

6.2.1　工业机器人的坐标系

工业机器人的运动实质就是根据不同作业内容和轨迹要求，在各种坐标系下进行的运动。为了精确地描述各个连杆或物体之间的位置和姿态关系，首先要定义一个固定的坐标系，并以它作为参考坐标系，所有静止或运动的物体就可以映射在同一个参考坐标系中进行比较和标定。该坐标系一般被称为大地坐标系或世界坐标系或地球坐标系。基于此，共同的坐标系描述机器人自身及其周围物体，是机器人在三维空间中工作的基础。通常，对每个连杆或物体都定义一个本体坐标系，又称局部坐标系，每个物体与附着在该物体上的本体坐标系是相对静止的，即其相对位置和姿态是固定的。

微课：工业机器人的运动轴与坐标系

工业机器人的坐标系主要分为关节坐标系、大地坐标系、基坐标系、工具坐标系、工件（用户）坐标系等，如图 6-14 所示。其中，大地坐标系、基坐标系、工具坐标系和工件坐标系都属于直角坐标系。

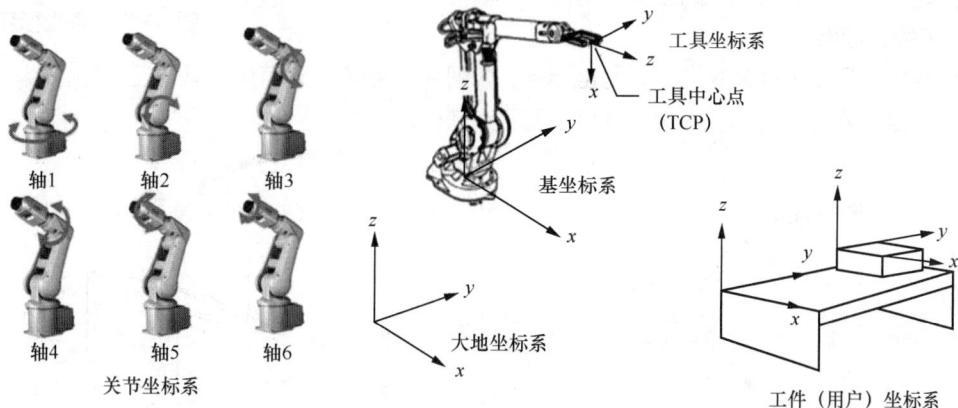

图 6-14　工业机器人坐标系

1. 关节坐标系

机器人沿各轴线进行单独动作，所使用的坐标系称关节坐标系。关节坐标系在机器人调试完成后就设定完成，不可更改，如图 6-15 所示。

2. 大地坐标系

大地坐标系是以大地作为参考的直角坐标系，在多个机器人联动的情况下和带有外轴的机器人中会用到，90%的大地坐标系与基坐标系是重合的。不管机器人处于什么位置，均可沿设定的 x 轴、y 轴、z 轴平行移动，如图 6-16 所示。

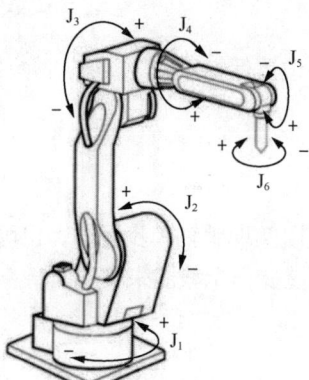

图 6-15　关节坐标系示意

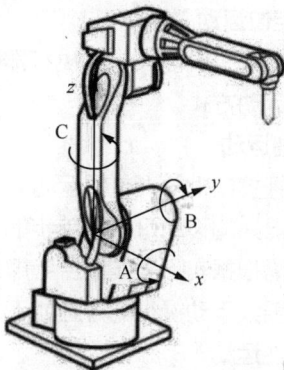

图 6-16　大地坐标系示意

3. 基坐标系

基坐标系位于机器人的基座，它是最便于描述机器人从一个位置移动到另一个位置的坐标系，如图 6-17 所示。

4. 工具坐标系

工业机器人在出厂时都有一个默认的工具坐标系，位置在法兰中心。但在机械手实际运动中往往会在法兰中心安装吸盘、焊枪、气缸等工具。此时若机械手运动中心依然在法兰中心，会造成很大的不便。因此根据实际情况去示教需要的工具坐标系就显得很有必要。工具坐标系把机器人腕部法兰盘所持工具的有效方向作为 z 轴正方向，并把工具中心点定义在工具的尖端，如图 6-18 所示。

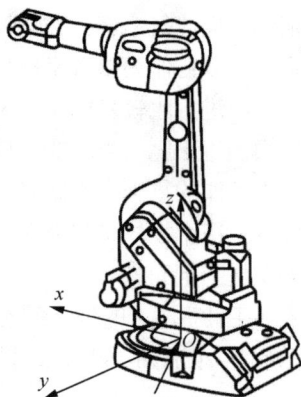

图 6-17　基坐标系示意

5. 工件坐标系

工件坐标系是以工件为基准的直角坐标系，如图 6-19 所示。它可用来确定工件的位姿，一般由工件原点与坐标方位组成。工件坐标系可采用三点法确定。

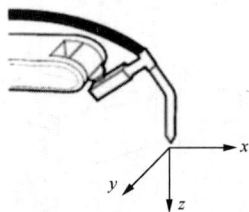

图 6-18　工具坐标系示意

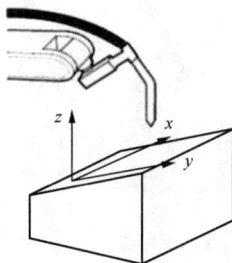

图 6-19　工件坐标系示意

6.2.2　工业机器人的运动方式

对工业机器人进行手动操纵时，工业机器人有 3 种运动方式，分别为线性运动、重定位运动和单轴运动（也称为关节运动）。

1. 线性运动

通常，选择从点移动到点时，机器人的运行轨迹为直线，所以称为直线运动，也称为线性运动。其特点是焊枪、胶枪（或工件）姿态不变，仅末端执行器的位置发生变化。

2. 重定位运动

重定位运动是机器人末端执行器的工具中心点（TCP）位置保持不变，姿态发生变化的运动方式。

3. 单轴运动

通过摇杆控制机器人单轴运动。

工业机器人的移动可以是单步的，也可以是连续的；可以实现单轴单步运动，也可以实现多轴协调运动，需根据实际工作综合考虑。所有的这些运动均通过操作示教器来实现。

工业机器人手动操纵的方法如下。

（1）线性运动

步骤 1：打开示教器主菜单，选择"手动操纵"，在"手动操纵"界面将控制柜旋钮切换至手动

微课：工业机器人的 3 种运动方式

模式，如图 6-20 所示。

图 6-20　旋钮切换至手动模式

步骤 2：在"手动操纵"界面，进入动作模式界面，选择"线性"运动选项，如图 6-21 所示。

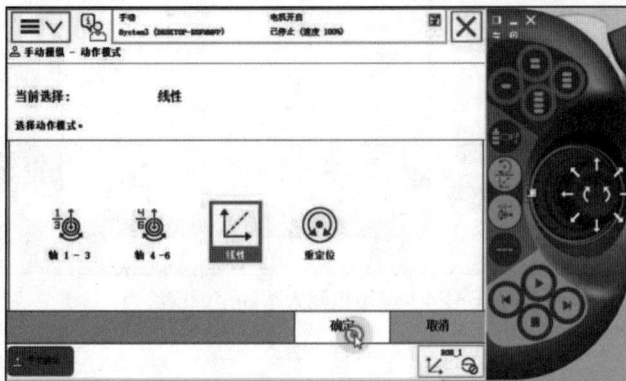

图 6-21　选择"线性"运动选项

步骤 3：打开"坐标系"选项卡，选择大地坐标系（或其他直角坐标系），如图 6-22 所示。

图 6-22　选择大地坐标系

步骤 4：此时，工业机器人摇杆向下为 x 轴正方向，向右为 y 轴正方向，逆时针旋转为 z 轴正方向，以焊接机器人为例，此刻焊接机器人末端执行器位于工件原点，如图 6-23 所示。

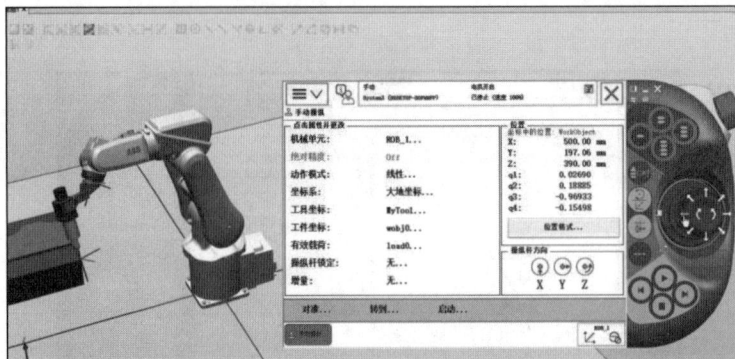

图6-23　焊接机器人原点位置

步骤5：操纵机器人摇杆，使其沿直线运动至图6-24所示焊缝终点。

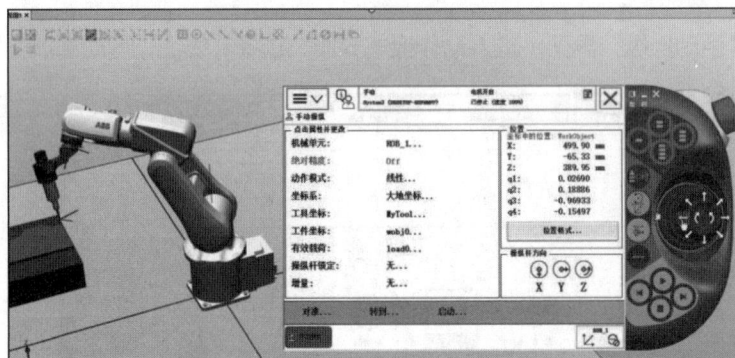

图6-24　焊接机器人移动至焊缝终点

（2）重定位运动

步骤1：打开示教器主菜单，选择"手动操纵"，进入"动作模式"界面，选择"重定位"运动选项，如图6-25所示。

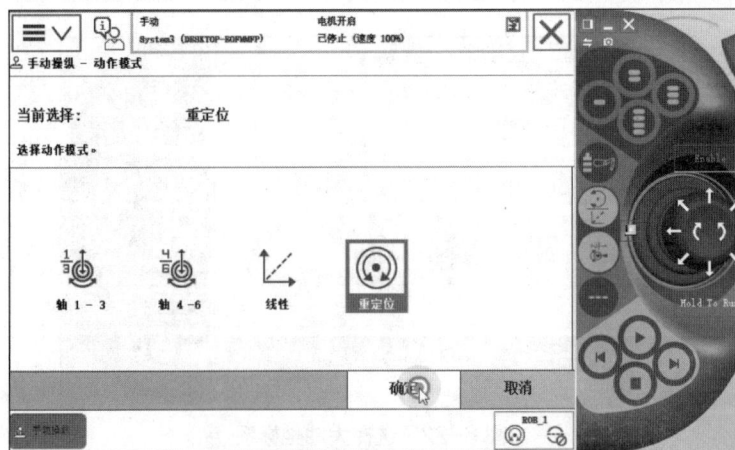

图6-25　选择"重定位"运动选项

步骤2：选择适合当前末端执行器的工具坐标系，如图6-26所示。

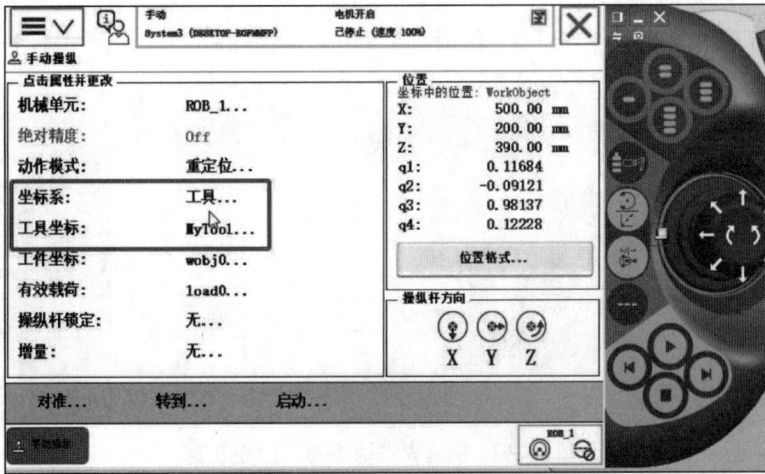

图 6-26 选择工具坐标系

步骤 3：操纵摇杆，使机器人做重定位运动，即机器人末端执行器位置保持不变，姿态发生改变，如图 6-27 所示。

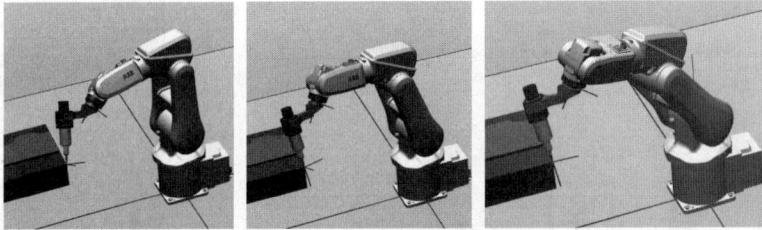

图 6-27 机器人做重定位运动

（3）单轴运动

步骤 1：打开示教器主菜单，选择"手动操纵"，进入"动作模式"界面，选择"轴 1-3"运动选项，如图 6-28 所示。

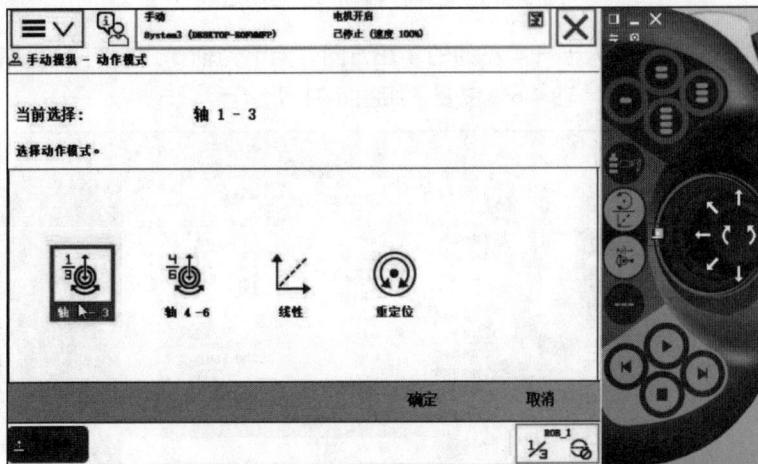

图 6-28 选择"轴 1-3"运动选项

步骤 2：此时，工业机器人摇杆向右为 1 轴正方向，向下为 2 轴正方向，顺时针旋转为 3 轴正方向。操纵摇杆，改变机器人"轴1-3"位姿，如图 6-29 所示。

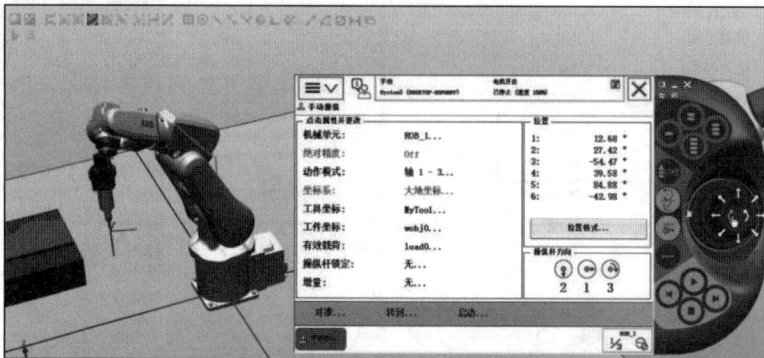

图 6-29　机器人"轴1-3"位姿改变

步骤 3：打开示教器主菜单，选择"手动操纵"，进入"动作模式"界面，选择"轴4-6"运动选项，如图 6-30 所示。

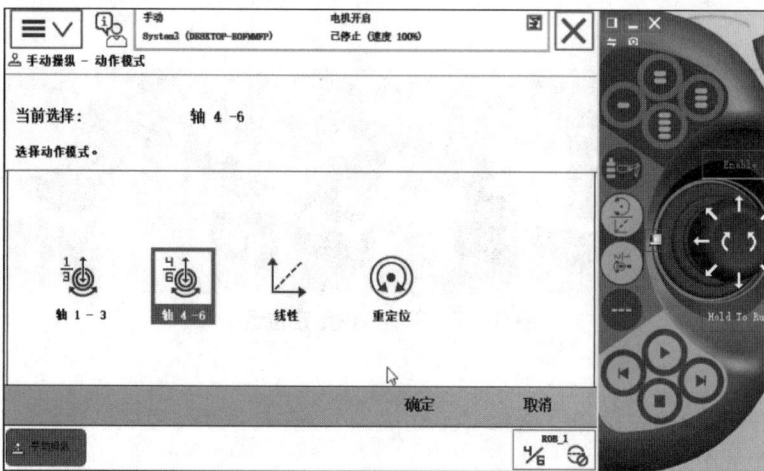

图 6-30　选择"轴4-6"运动选项

步骤 4：此时，工业机器人摇杆向左为轴 4 正方向，向下为轴 5 正方向，逆时针旋转为轴 6 正方向。操纵摇杆，改变机器人"轴4-6"位姿，如图 6-31 所示。

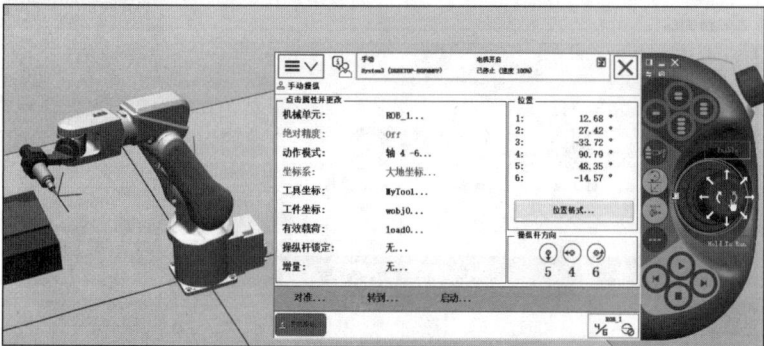

图 6-31　机器人"轴4-6"位姿改变

【技能训练】

6.2.3　标定工业机器人的工具坐标系

工业机器人工具坐标系的标定是指，将工具中心点的位姿告诉机器人，指出它与末端关节坐标系的关系。目前，机器人工具坐标系的标定方法主要有外部基准标定法和多点标定法。

1. 外部基准标定法

此种标定法，只需要使工具对准某一已经测定好的外部基准点，便可完成标定，标定过程快捷简便。但此类标定方法依赖于机器人外部基准点。

2. 多点标定法

大多数工业机器人都具备工具坐标系多点标定的功能。这类标定包含工具中心点（TCP）位置多点标定和工具坐标系（TCS）姿态多点标定。TCP 位置多点标定是指将几个标定点的 TCP 位置重合，如图 6-32 所示，从而计算出工具坐标系原点，即 TCP 相对于末端关节坐标系的位置，如三点法、四点法；而 TCS 姿态多点标定是指使几个标定点之间具有特殊的方位关系，从而计算出工具坐标系相对于末端关节坐标系的姿态，如五点法（在四点法的基础上，除能确定工具坐标系的位置外，还能确定工具坐标系的 z 轴方向）、六点法（在四点法、五点法的基础上，能确定工具坐标系的位置和工具坐标系 x、y、z 这 3 轴的姿态）。

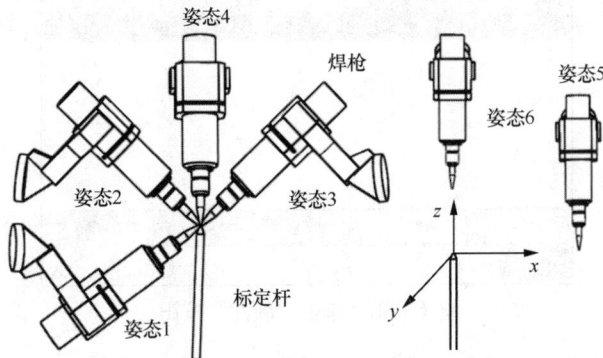

图 6-32　TCP 位置多点标定过程

接下来我们以三点法为例，学习标定的步骤。

步骤 1：在机器人动作范围内找到一个精确的固定点作为参考点，如图 6-33 所示的圆锥体尖端。

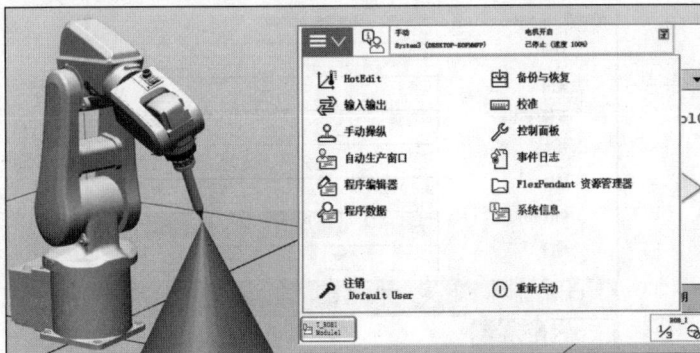

图 6-33　选择固定点作为参考点

步骤 2：在主菜单选择程序数据中的"tooldata"选项卡，如图 6-34 所示。

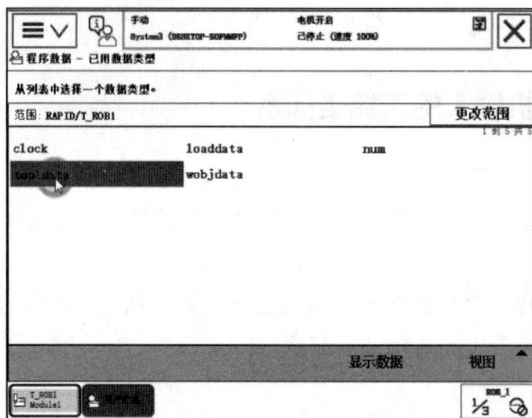

图 6-34　"tooldata"选项卡

步骤 3：在出现的界面中单击左下方"新建"按钮，如图 6-35 所示。

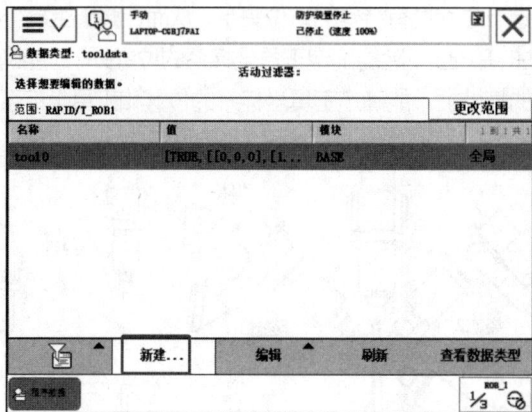

图 6-35　单击"新建"按钮

步骤 4：在出现的界面的左下方，单击"新建（工具坐标系）"按钮，修改新工具坐标系名称后单击"确定"按钮，如图 6-36 所示。

图 6-36　修改新工具坐标系名称

步骤 5：在出现的界面中，单击"编辑"→"定义"按钮，如图 6-37 所示。定义需要标定的 3 个点。

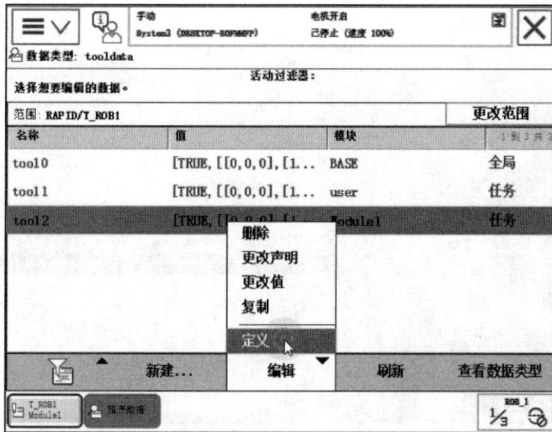

图 6-37　定义 3 个点

步骤 6：单击"方法"后面的下拉按钮，选择"TCP（默认方向）"选项，如图 6-38 所示。

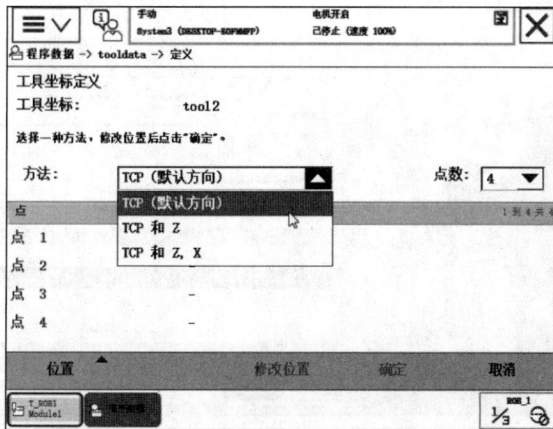

图 6-38　选择"TCP（默认方向）"选项

步骤 7：单击"点数"后面的下拉按钮，选择"3"选项，如图 6-39 所示。

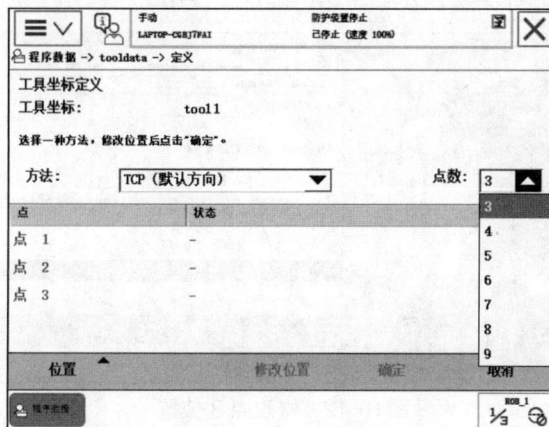

图 6-39　选择 3 点法

步骤 8：移动机器人末端执行器，使其尖端以某一位姿与固定点接触，选中"点 1"选项，单击"修改位置"按钮，如图 6-40 所示。

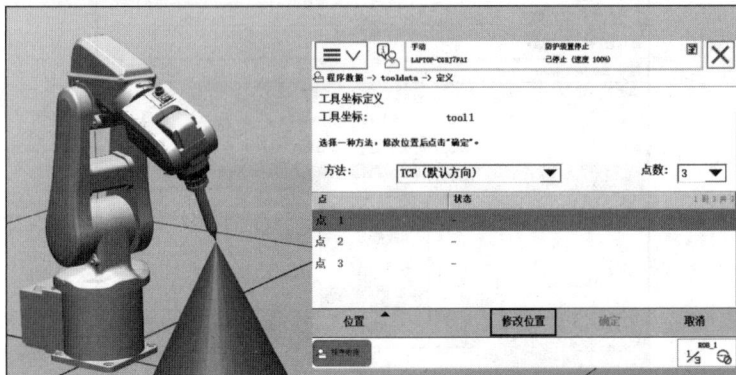

图 6-40　修改点 1 位置

步骤 9：移动机器人末端执行器，使其尖端以另一种位姿与固定点接触，选中"点 2"选项，单击"修改位置"按钮，如图 6-41 所示。

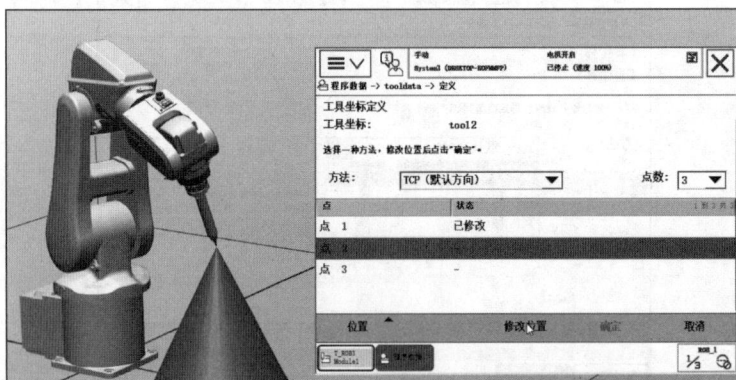

图 6-41　修改点 2 位置

步骤 10：移动机器人末端执行器，使其尖端再以另一种位姿与固定点接触，选中"点 3"选项，单击"修改位置"按钮，如图 6-42 所示。单击"确定"按钮。

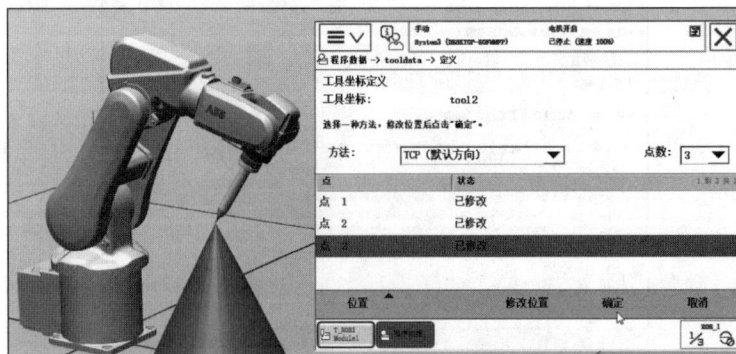

图 6-42　修改点 3 位置

步骤 11：单击"编辑"→"更改值"，如图 6-43 所示，用以修改参数，这里需要对工具的质量

"mass"和重心偏移量"cog"进行设置。

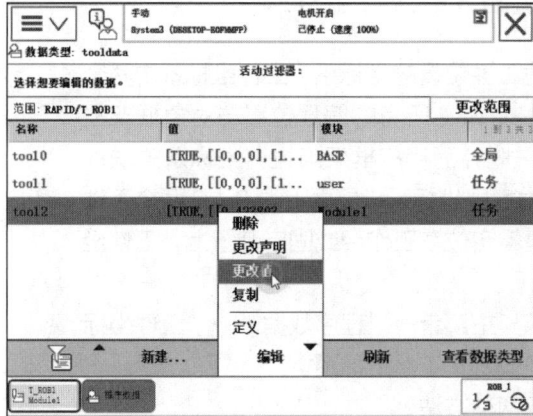

图 6-43　更改值

步骤 12：找到"mass"选项，单击后面的"值"，修改为"0.5"，如图 6-44 所示，含义是设置工具的质量为 0.5 kg。

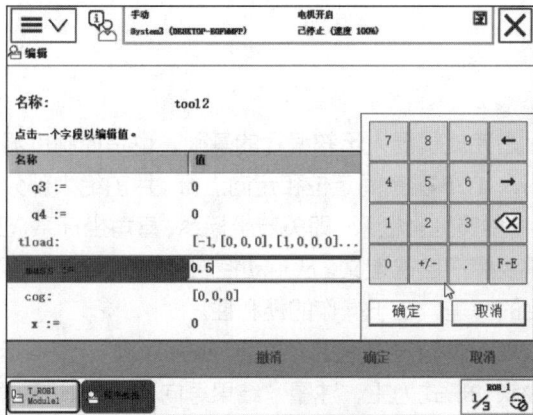

图 6-44　修改质量值

步骤 13：找到"cog"选项，选择"z"方向，单击后面的"值"，改为"30"，如图 6-45 所示，含义是设置工具相对于 6 轴法兰盘重心的偏移量为 z 方向偏移 30 mm。

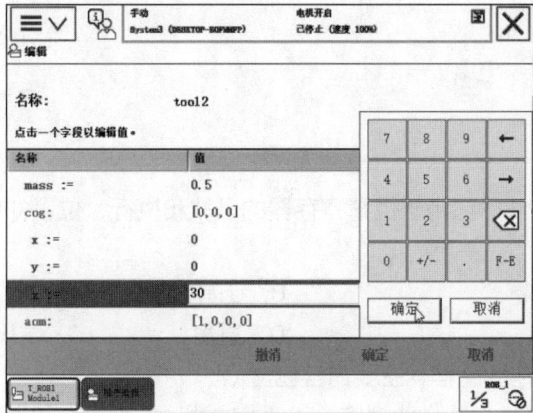

图 6-45　修改重心偏移量

119

6.2.4 标定工业机器人的工件坐标系

工件坐标系是用来描述工件位置的坐标系。工件坐标系由两个框架构成：用户框架和对象框架。所有的编程位置与对象框架关联，对象框架与用户框架关联，而用户框架与世界坐标系关联。如图 6-46 所示，A 坐标系为世界坐标系，桌面上为 B、C 两个工件的用户框架，这里的用户框架定位在工作台或固定装置上，工件坐标系定位在工件上。

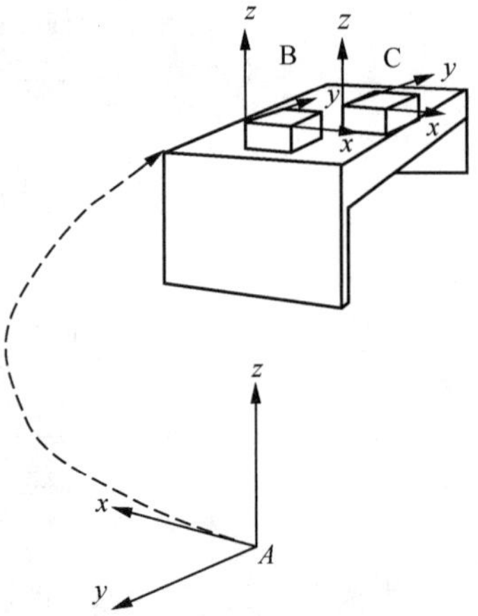

建立工件坐标系的步骤：主菜单→"程序数据"→"工件坐标系"→"新建"→"名称"→定义工件坐标系。

定义工件坐标系有以下两种方法。

（1）直接输入坐标值，即 x、y、z 的值。

（2）示教法："编辑"→"定义"→第一点→第二、第三点（3点不在同一条直线上即可）。

图 6-46　工件坐标系

【模块小结】

工业机器人的手动操纵是完成机器人示教编程的基础，也是控制机器人的基本手段。工业机器人的运动控制主要围绕机器人 TCP 的空间定位和定向进行。目前绝大部分的工业机器人系统都提供了手动控制机器人 TCP 的 4 种典型坐标系，即关节坐标系、直角坐标系、工具坐标系和工件坐标系。工具坐标系和工件坐标系需要用户自己定义。从手动控制机器人 TCP 到目标位姿的角度出发，用户使用任一坐标系均可实现目的，差异在于操作的便利性。

关节坐标系中的手动控制以单轴方式为主，注重"过程导向"，类似运动学正解；而其他直角坐标系中的手动控制则以多轴联动形式为主，注重"结果导向"，类似运动学逆解。

工业机器人当前技术水平符合现行的安全技术规定。尽管如此，违规使用仍可能会导致人身伤害、机器人系统及其他设备损伤。工业机器人的手动控制应由具有专业资格的人员手持示教器在手动模式下进行，并以连续移动机器人进行粗定位（或定向）、点动控制机器人进行精细定位（或定向）为准则。

【巩固练习】

一、选择题

1. 工件坐标系对应工件，它用于位置寄存器的示教和执行、位置补偿指令的执行等。它属于（　　）坐标系的一种。

A. 关节　　　　　　　　　　　　B. 工具

C. 大地　　　　　　　　　　　　D. 直角

2. 对工业机器人进行作业编程，主要内容包含（　　）。

①运动轨迹；②作业条件；③作业顺序；④插补方式

A. ①② B. ①②③④

C. ①②③ D. ①③

3. 机器人工具坐标系的标定是指将工具中心点，也叫作（　　　）的位姿告诉机器人，指出它与末端关节坐标系的关系。

A. TCD B. TCP

C. TCC D. TCF

4. 常见奇异点发生的位置有（　　　）。

①腕关节；②肩关节；③底座；④肘关节

A. ①②④ B. ①②

C. ①③ D. ①②③④

5. 为提高用户手动控制机器人的便捷性，目前绝大多数工业机器人系统中提供的四大典型坐标系指的是（　　　）。

①关节坐标系；②机械接口坐标系；③工具坐标系；④工件坐标系；⑤工作台坐标系；⑥基坐标系

A. ①②③④ B. ①②⑤⑥

C. ①③⑤⑥ D. ①③④⑥

二、简答题

1. 简述工业机器人的安全操作规程。

2. 工业机器人的坐标系有哪几种？各在什么情况下使用？

模块7
工业机器人编程技术

07

【学习导读】

当前，工业自动化市场竞争日益加剧，对工业机器人的智能化程度要求越来越高，如要求其在使用时，可以根据现场不同的工作类型、工作特点、工作范围进行实时变化。操作者可以通过改变程序的方法改变工业机器人的工作方式，即对工业机器人进行编程操作。

通过对本模块的学习，同学们可以掌握 ABB IRB120 工业机器人的编程方式，并通过具体案例，学习在线编程和离线编程（使用 RobotStudio 离线编程软件）的操作步骤。

【学习目标】

知识目标

- 了解工业机器人的编程要求；
- 了解工业机器人的在线编程和离线编程方式；
- 熟悉工业机器人的程序数据类型和程序存储类型；
- 熟悉工业机器人的常用编程指令。

技能目标

- 能够独立创建 ABB 机器人的 RAPID 程序；
- 能够独立完成典型任务程序编写；
- 能够完成程序的调试和运行。

素养目标

- 夯实基础，通过具体应用案例提升任务规划能力；
- 培养工程意识、绿色生产意识，掌握工业机器人编程方法；
- 提升自主探究能力和团队协作能力。

【思维导图】

工业机器人编程技术
- 工业机器人的编程方式
  - 工业机器人的在线编程
  - 工业机器人的离线编程
- 典型任务：单个工件搬运的运动规划
  - 基本运动指令中的各指令
  - 单个工件搬运任务的运动规划
- 典型任务：单个工件搬运编程
  - 程序数据类型
  - 数据存储类型
  - 编写单个工件搬运任务程序
  - 调试和运行程序

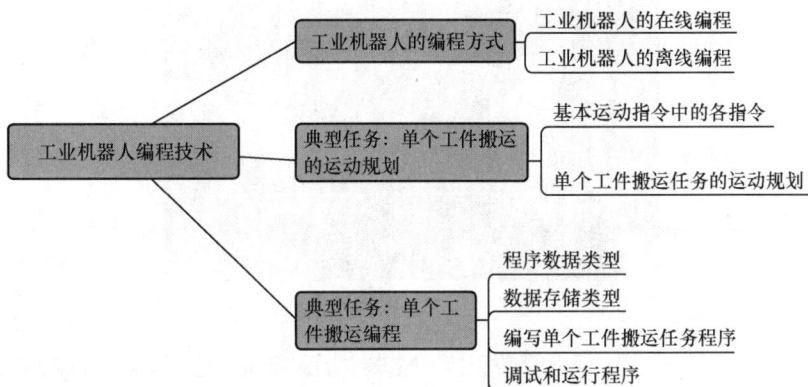

7.1 工业机器人的编程方式

【相关知识】

工业机器人的编程主要经历了 3 个阶段，即在线编程、离线编程和自主编程。

在线编程一般指示教编程，也是目前生产应用中大多数机器人系统所处的编程阶段，是机器人编程最基础的方式。

离线编程较在线编程有诸多优点，是采用部分传感技术，依靠计算机图形技术，建立机器人工作模型，模拟三维图形动画编程结果，最终将生成的代码传输到机器人控制柜，以控制机器人运行的编程方式。离线编程可以减少机器人的工作时间，结合图像模拟技术简化工业机器人编程过程。

自主编程是实现机器人智能化的基础。通过各种外部传感器的实时数据采集，机器人能够全面感知真实的工作环境，并根据工作任务，自主确定工艺参数。自主编程不需要繁重的教学，也不需要根据工作台信息纠正工作过程中的偏差，这不仅提高了机器人的自主性和适应性，也成为工业机器人未来的发展趋势。

7.1.1 工业机器人的在线编程

机器人的运动过程可以拆分成一系列的关键动作序列，称为"动作点"。通过对前面传感器知识的学习我们了解到，机器人关节伺服传感器可以实时检测机器人的姿态。由此，机器人在线编程思路为：将机器人移动至第一个"动作点"，存储此时的姿态信息；再将机器人移动至第二个"动作点"，再次存储姿态信息；以此类推，直至存储所有关键"动作点"的姿态信息，这样，机器人就可以沿着各个"动作点"再现运动过程。其中，"动作点"之间的运动轨迹可以用函数插补处理得到。

1. "手把手"示教编程

"手把手"示教编程是指技术人员直接用手移动机器人末端执行器以确定动作节点，再进行编程。这种示教方式主要用于喷漆、弧焊等要求实现连续轨迹控制的工业机器人示教编程中。具体的方法是利用示教手柄引导末端执行器经过所要求的位置，同时由传感器检测出工业机器人各个关节处的坐标值，并由控制系统记录、存储下这些数据信息。图 7-1 所示为"手把手"示教。

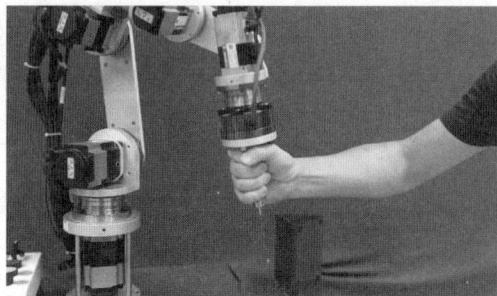

图 7-1　"手把手"示教

"手把手"示教编程方式在技术上简单直接，成本也相对低廉。但是，这种示教方式对操作者技术要求较高、人工操作繁重；对大型和高减速比机器人难以操作；位置不精确、难以实现精确的路径控制。

2．示教器示教编程

示教器示教编程是最常见的在线编程方式，它利用嵌入式系统控制代替人直接对机器人的力学操作，并增加了许多功能，因此比"手把手"示教编程方式更有优势。

示教器示教可以分为 3 个步骤：

（1）根据任务需要，操纵示教器把机器人末端执行器按一定姿态移动至各个"动作点"，并把每一个位姿都存储下来；

（2）编辑修改示教后的动作；

（3）存储程序，使机器人自动运行上述示教运动过程。

示教器的具体使用方法参考 6.1.2 节。

7.1.2　工业机器人的离线编程

工业机器人的离线编程可以与生产制造同时进行，达到改变动作要求却不停机的目的，大大提升了生产效率。同时，离线编程可在机器人实体安装之前，通过离线仿真的方式，模拟解决方案和布局方式来降低风险。

1．离线编程软件

工业机器人的离线编程系统是在机器人编程语言的基础上发展起来的，是机器人编程语言的拓展。离线编程时可利用计算机图形学的成果，建立机器人及工作环境的模型，再利用机器人编程语言及相关算法对图形的控制和操作，使得绝大多数机器人任务的轨迹、位置和方向可使用系统直接生成。有些离线编程系统还有虚拟仿真的功能，可以在没有工业机器人实体的情况下进行编程任务模拟。常见的离线编程软件有库卡的 KUKA Sim Pro、发那科的 ROBOGUIDE、ABB 的 RobotStudio 等，如图 7-2 所示。下面以 RobotStudio 软件为例来进行学习。

在离线编程软件中，机器人的工作过程包括以下几部分：

（1）对机器人生产过程及作业环境进行全面的了解；

（2）构造出机器人及作业环境的三维模型；

（3）选用通用或专用的基于图形的机器人编程语言；

（4）利用几何学、运动学及动力学的知识，进行轨迹规划、算法检查、屏幕动态仿真，检查关节超限及传感器碰撞的情况，规划机器人在动作空间中的路径和运动轨迹；

（5）进行传感器接口连接和仿真，利用传感器信息进行决策和规划；

（6）实现通信接口，完成离线编程系统所生成的代码到各种机器人控制器的通信；

（7）实现用户接口，提供有效的人机界面，便于人工干预和进行系统操作。

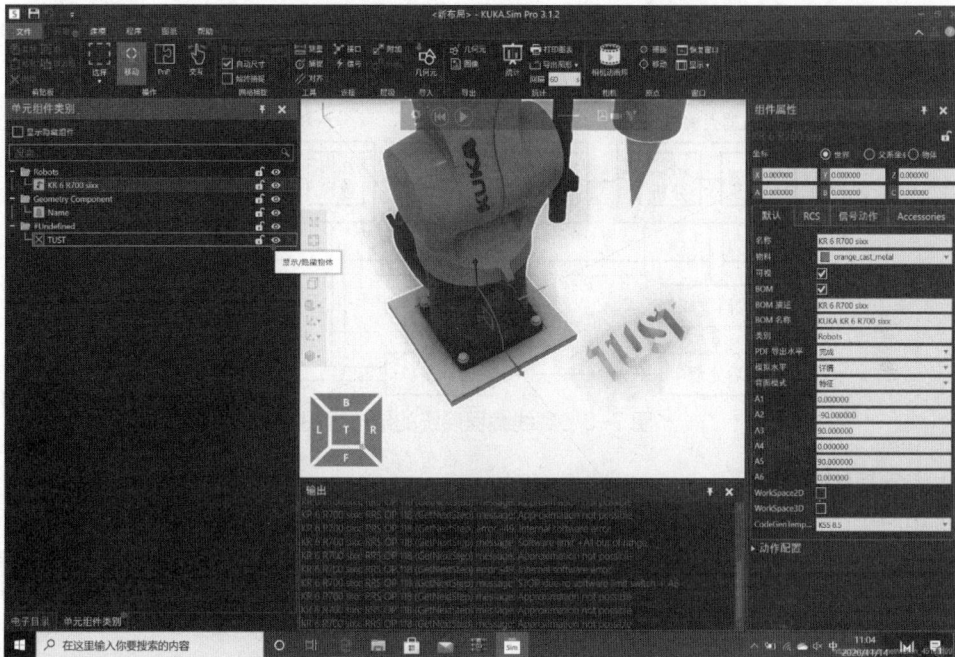

（a）KUKA Sim Pro 界面

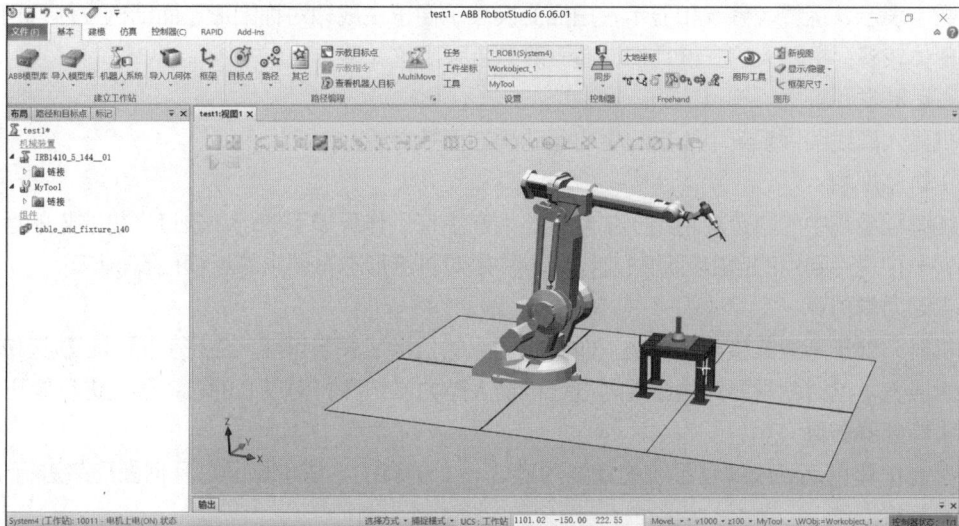

（b）RobotStudio 界面

图 7-2 离线编程软件界面

2. 机器人离线编程系统的结构

机器人离线编程系统主要由上位机、虚拟仿真平台、机器人控制柜及本体三大部分组成。其中，上位机操作部分主要通过用户接口进行操作；虚拟仿真平台（ABB 机器人使用的是 RobotStudio 虚拟仿真平台）用于完成机器人编程、运动学自动生成、机器人运动仿真等内容，即对平台中的设备进行离线编程；编程并调试后，经过处理的数据再通过通信接口与机器人控制柜相连，写入程序，从而操纵工业机器人本体，如图 7-3 所示。

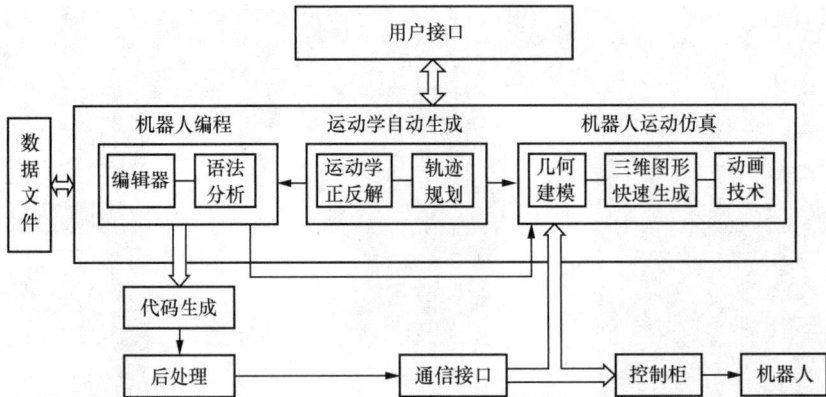

图 7-3　离线编程系统的结构框图

以上部分具体功能如下。

（1）用户接口

离线编程的用户接口一般要求具有图形仿真界面和文本编辑界面。文本编辑方式下的界面用于对机器人程序的编辑、编译等，而图形仿真界面用于对机器人及环境的图形仿真和编辑。

（2）机器人系统的三维几何构造

三维几何构造的方法有边界表示、扫描变换表示及结构立体几何表示 3 种。其中边界表示便于形体的数字表示、运算、修改和显示，扫描变换表示便于生成轴对称图形，而结构立体几何表示所覆盖的形体较多。机器人的三维几何构造一般综合采用这 3 种方法。

（3）运动学计算

在机器人离线编程系统中能自动生成运动学方程并求解。

（4）轨迹规划

离线编程系统中的轨迹规划用于生成机器人在虚拟工作环境下的运动轨迹。机器人的运动轨迹有两种，一种是点到点的自由运动轨迹，另一种是对轨迹形态有要求的连续控制轨迹。

（5）动力学仿真

当机器人处于高速或重载的情况下时，机器人的机构或关节可能产生形变而引起轨迹位置和姿态的较大误差。这时就需要对轨迹规划进行机器人动力学仿真，对过大的轨迹误差进行修正。

（6）传感器仿真

传感器仿真也是离线编程系统的重要内容之一。仿真的方法也是通过几何图形来进行仿真。

（7）并行操作

有些应用工业机器人的场合需用两台或两台以上的机器人，还可能有其他与机器人有同步要求的装置，需要同一时刻对多个装置进行仿真，即并行操作。

（8）通信接口

通信接口是离线编程系统和机器人控制器之间信息传递的桥梁，利用通信接口可以把离线编程系统仿真生成的机器人运动程序转换成机器人控制器能接收的信息。

（9）误差校正

机器人离线编程系统可以利用计算机校正工作现场中的误差，使机器人运行更准确。

7.2　典型任务：单个工件搬运的运动规划

【相关知识】

7.2.1　基本运动指令中的各指令

所谓运动指令，是指以指定的移动速度和移动方法使机器人向作业空间内的指定位置进行移动的控制语句。

ABB 机器人在空间中的运动主要有关节运动（MoveJ）、线性运动（MoveL）、圆弧运动（MoveC）和绝对位置运动（MoveAbsJ）4 种方式。

微课：基本运动指令中的各指令

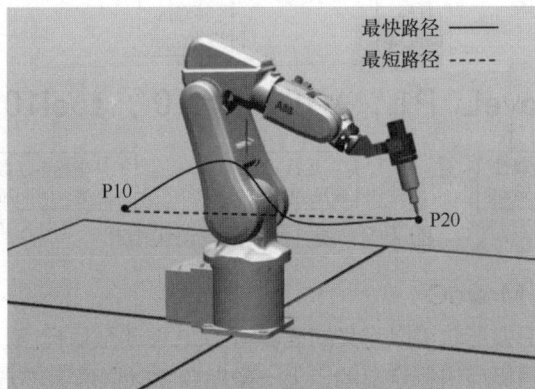

1．关节运动指令——MoveJ

关节运动是指机器人从起始点以最快的路径移动到目标点，这一路径是时间最快也是最优的轨迹路径，最快的路径不一定是直线，如图 7-4 所示。由于机器人做回转运动，且所有轴的运动都是同时开始和结束的，所以机器人的运动轨迹无法精确预测。这种轨迹的不确定性也限制了这种运动方式只适用于机器人在大范围空间移动且中间没有任何遮挡物的情况，所以在调试以及试运行机器人时，应该在阻挡物体附近降低速度来测试机器人的移动特性，否则可能发生碰撞，由此造成工件、工具或机器人损伤的后果。

图 7-4　关节运动

关节运动指令语句格式如图 7-5 所示。

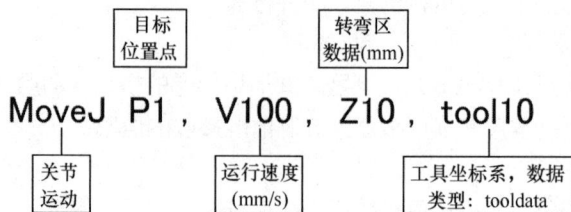

图 7-5　关节运动指令语句格式

2. 线性运动指令——MoveL

线性运动是指机器人沿一条直线以定义的速度将 TCP 引至目标点，如图 7-6 所示，机器人从 P10 点以直线运动方式移动到 P20 点，从 P20 点移动到 P30 点也是直线运动方式，机器人的运动状态是可控的，运动路径保持唯一，只是在运动过程中有可能出现死点，常用于机器人在工作状态的移动。一般如焊接、涂胶等对路径要求高的场合使用此指令。

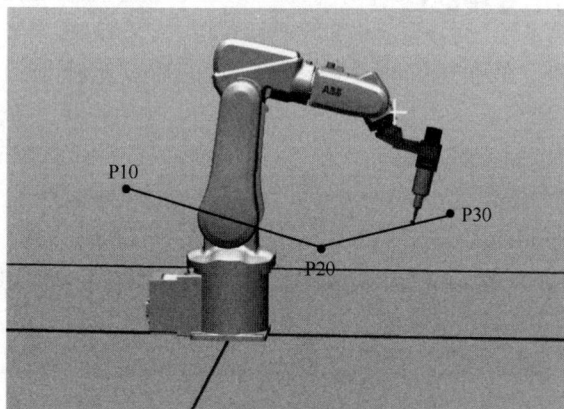

图 7-6　线性运动

线性运动指令语句格式如图 7-7 所示。

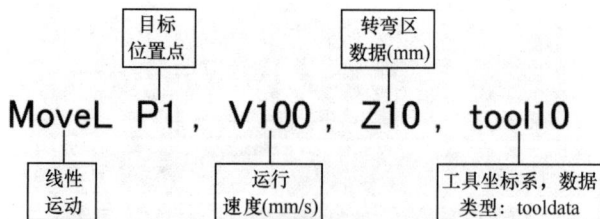

图 7-7　线性运动指令语句格式

3. 圆弧运动指令——MoveC

圆弧运动是指机器人沿弧形轨迹以定义的速度将 TCP 移动至目标点，如图 7-8 所示，弧形轨迹是通过起始点、中间点和目标点进行定义的。上一条指令中以精确定位方式到达的目标点可以作为下一条指令的起始点，中间点是圆弧所经历的中间点，对于中间点来说，只是 x、y 和 z 坐标起决定性作用。起始点、中间点和目标点在空间的一个平面上，为了使控制部分准确地确定这个平面，3 个点之间离得越远越好。

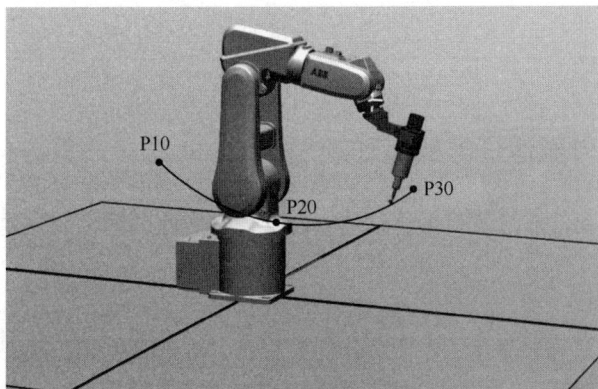

图 7-8　圆弧运动

在圆弧运动中，机器人运动状态可控，运动路径保持唯一，常用于机器人在工作状态的移动。限制是机器人不可能通过一个 MoveC 指令完成一个圆。

圆弧运动指令语句格式如图 7-9 所示。

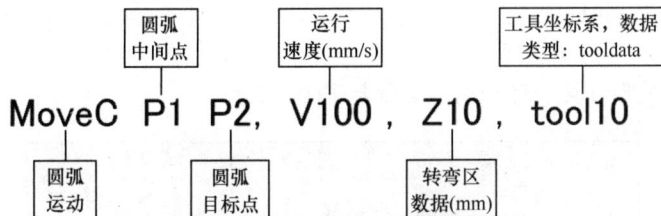

图 7-9　圆弧运动指令语句格式

4. 绝对位置运动指令——MoveAbsJ

绝对位置运动指令是指机器人的运动使用 6 个轴和外轴的角度值来定义目标位置数据。MoveAbsJ 指令格式如图 7-10 所示。

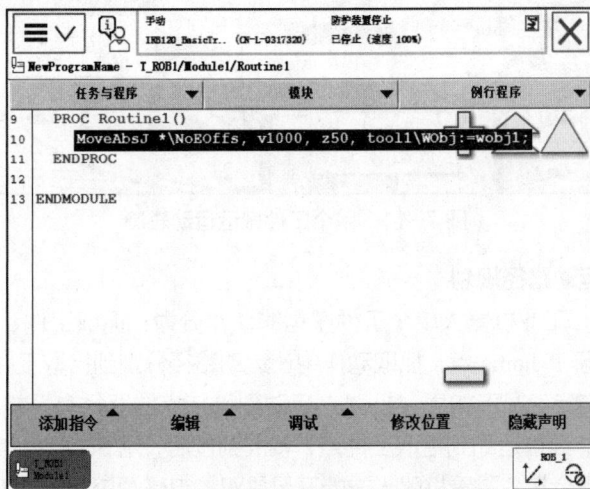

图 7-10　绝对位置运动指令语句格式

📖 **注意**

MoveAbsJ 指令常用于机器人 6 个轴回到机械零点（0°）的位置。

【技能训练】

7.2.2　单个工件搬运任务的运动规划

搬运项目是将供料台的多个工件搬运到物料台。要完成此项目，首先要完成单个工件的搬运任务。

1. 提炼关键示教点

采用在线示教的方式编写单个工件搬运的作业程序。根据二维码链接视频，提炼关键示教目标点。如图 7-11 所示，完成单个工件搬运至少需要 5 个位置点，分别为：

（1）拾取工件等待点 P_pick1_wait；

（2）拾取工件点 P_pick1；

（3）放置工件等待点 P_put1_wait；

（4）放置工件点 P_put1；

（5）机器人等待点 P_home。

根据工作站设备实际布局，还有可能需要若干个过渡点。

微课：单个工件搬运任务的运动规划

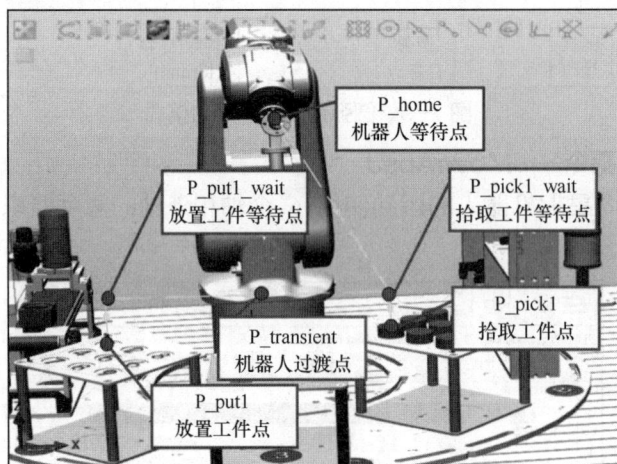

图 7-11　单个工件搬运运动轨迹

2. 单个工件搬运运动路径规划

根据前面分析可知，工业机器人单个工件搬运的动作分为：抓取工件、搬运工件、放置工件。抓取工件前，机器人处于 P_home 点，抓取动作中让运动路径分别到拾取工件等待点，一般采用关节运动（MoveJ 指令），实际工况下如果对机器人运动到等待点的路径有严格要求，可选用线性运动（MoveL 指令）。紧接着，线性运动到拾取工件点，精准到位后，用 Set/Reset 或 SetDo/ResetDo 指令配合拾取工件，具体用到哪个指令需看机器人末端工具是双控电磁阀控制还是单控电磁阀控制。如果是单控电磁阀只需执行 Set 或 SetDo 指令，如果是双控电磁阀需要配对使用 Reset 或 ResetDo 指令。拾取工件后开始搬运，首先线性运动到拾取工件等待点，经过渡点到放置工件等待点。其中过渡点不是必需的，要根据实际工况要求和机器人的位姿进行灵活调整。接着要放下工件，此时需线性运动到放置工件点，接着用 Set/Reset 或者 SetDo/ResetDo 指令配合，执行放置工件操作。放置完成后，线性运动到放置工件等待点，之后回到 P_home 点，完成一个工件搬运的任务。路径规划如图 7-12 所示。

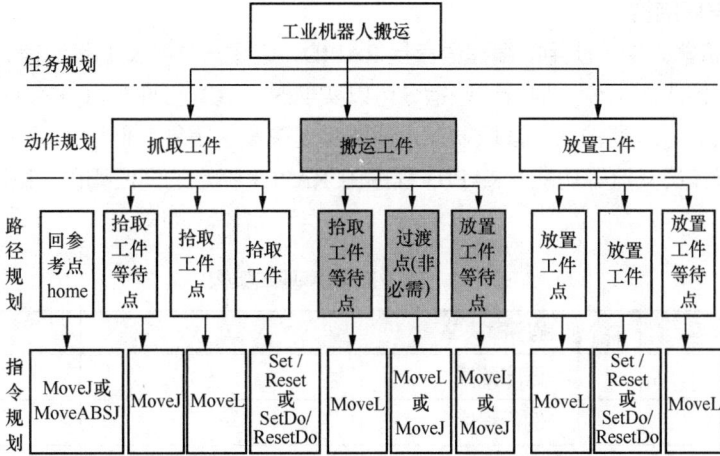

图 7-12　单个工件搬运路径规划

3. 单个工件搬运流程图绘制

要编制搬运任务程序，首先要绘制其流程图。根据刚才的运动路径规划，单个工件搬运任务流程如图 7-13 所示。首先完成系统的初始化，初始化子程序中完成对机器人是否回 P_home 点、工具执行情况的检查，其他输出信号的检查，以及限速、中断、通信等其他数据的初始化。在此，我们先不考虑限速、中断、通信等其他数据的初始化，暂时只需完成机器人回 P_home 点，工具动作。之后进行抓取工件、搬运工件、放下工件、回 P_home 点。

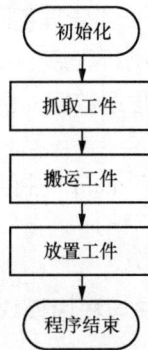

图 7-13　单个工件搬运任务流程

7.3　典型任务：单个工件搬运编程

【相关知识】

7.3.1　程序数据类型

程序数据是在程序模块或系统模块中设定的值和定义的一些环境数据。将创建好的程序数据通

过同一模块或其他模块中的指令进行引用，这种程序结构在 ABB 工业机器人中称为 RAPID 程序结构。

微课：程序数据
类型

1. RAPID 程序结构

在 ABB 工业机器人中，使用的编程语言是 RAPID，它是一种英文编程语言，包含一连串控制机器人的指令，执行这些指令可以实现对 ABB 工业机器人的控制，包括移动机器人、设置输出、读取输入，还能实现决策、重复其他指令、构造程序、与系统操作员交流等功能。RAPID 程序由 RAPID 特定的词汇和语法编写而成，基本架构见表 7-1。

表 7-1　RAPID 程序基本架构

程序模块 1	程序模块 2	…	程序模块 n
程序数据	程序数据	…	程序数据
主程序 main	例行程序	…	例行程序
例行程序	中断程序	…	中断程序
中断程序	功能	…	功能
功能		…	

RAPID 程序的基本架构主要有以下几个特点。

（1）RAPID 程序由程序模块与系统模块组成。一般地，只通过新建程序模块构建机器人程序，而系统模块多用于系统方面的控制。

（2）可以根据不同的用途创建多个程序模块，如用于主程序的程序模块、用于位置计算的程序模块、用于数据存放的程序模块，这样便于归类管理不同用途的例行程序与数据。

（3）每一个程序模块包含程序数据、例行程序、中断程序和功能 4 种对象，但并非每一个模块中都有这 4 种对象，程序模块之间的程序数据、例行程序、中断程序和功能都是可以相互调用的。

（4）在 RAPID 程序中，只有一个主程序 main，并且作为整个 RAPID 程序执行的起点存在于任意一个程序模块中。

2. 任务、模块和例行程序之间的关系

一台机器人的 RAPID 程序由系统模块与程序模块组成，每个模块中可以建立若干程序，如图 7-14 所示。

通常情况下，系统模块多用于系统方面的控制，而只通过新建程序模块来构建机器人的执行程序。机器人一般都自带 user 模块与 BASE 模块两个系统模块，新建程序模块后会自动生成具有相应功能的模块，如图 7-15 所示。建议不要对任何自动生成的系统模块进行修改。

程序主要分为 Procedure、Function、Trap 三大类。Procedure 类型的程序没有返回值；Function 类型的程序有特定类型的返回值；Trap 类型的程序叫作例行程序，Trap 例行程序和某个特定中断连接时，一旦中断条件得到满足，机器人将转入中断处理程序。

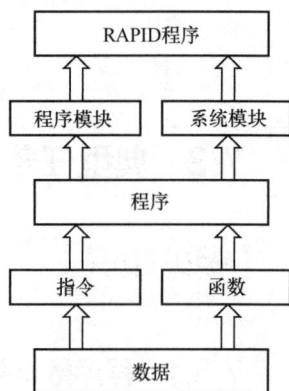

图 7-14　RAPID 程序架构

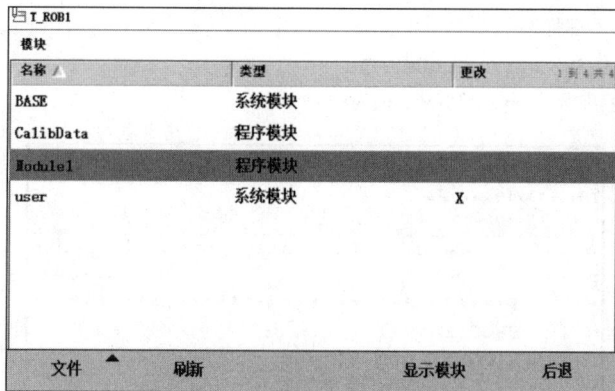

图 7-15 机器人的系统模块

7.3.2 数据存储类型

程序数据的数据存储类型一共有 3 种，分别为变量（VAR）、可变量（PERS）、常量（CONST），用于定义不同数据的名称和作用。如图 7-16 所示，可在程序数据中对其进行设置。

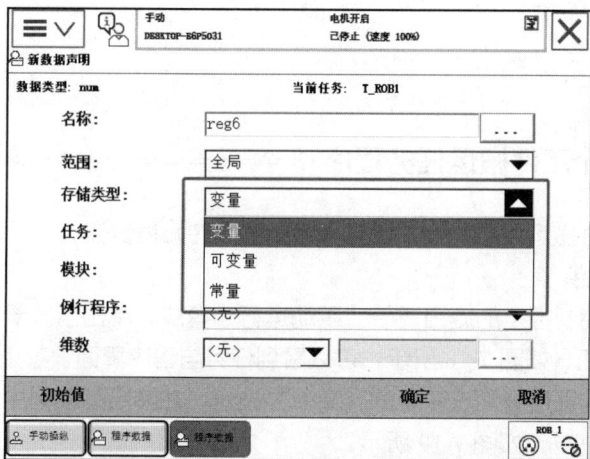

图 7-16 程序数据的数据存储类型选择

1. 变量 VAR

VAR 表示存储类型为变量。

变量型数据在程序执行的过程中和停止时，会保持当前的值。但如果程序指针复位或者机器人控制器重启，数值会恢复为声明变量时赋予的初始值。

2. 可变量 PERS

PERS 表示存储类型为可变量。

无论程序的指针如何变化，或者机器人控制器是否重启，可变量型数据都会保持最后一次赋予的值。

3. 常量 CONST

CONST 表示存储类型为常量。

常量的特点是在定义时已经赋予了数值，并且不能在程序中进行修改，只能手动修改。

不同数据存储类型在编辑窗口中的显示如图 7-17 所示。

```
CONST num s1:=0; //名称为 s1 的常量赋值为 0;
length := 1; //名称为 length 的变量赋值为 1;
name := "hi"; //名称为 name 的可变量赋值为"hi"。
```

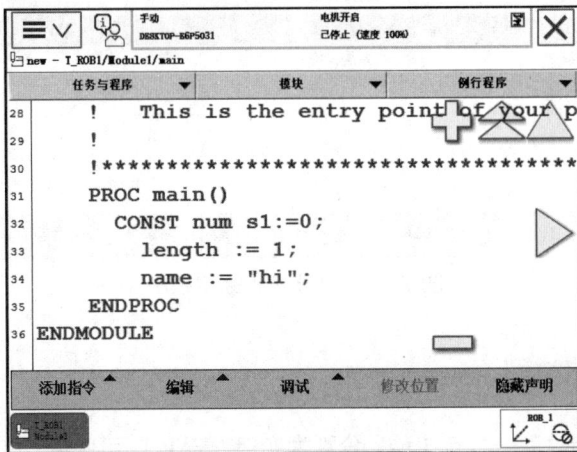

图 7-17　不同数据存储类型在编辑窗口中的显示

【技能训练】

7.3.3　编写单个工件搬运任务程序

接下来，以单个工件搬运任务为例，学习搬运机器人的编程步骤。

1. 创建 RAPID 程序

步骤 1：将机器人控制柜上的旋钮置于"手动运行"模式，单击示教器主界面的"程序编辑器"按钮，如图 7-18 所示，可以看到任务与程序界面。

步骤 2：单击任务与程序界面左下角的"文件"按钮，在弹出的菜单中选择"新建程序"或"加载程序"，如图 7-19 所示。

微课：编写单个工件搬运任务程序

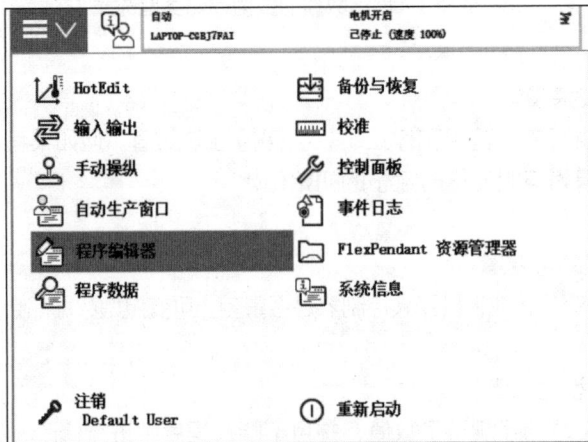

图 7-18　单击"程序编辑器"按钮

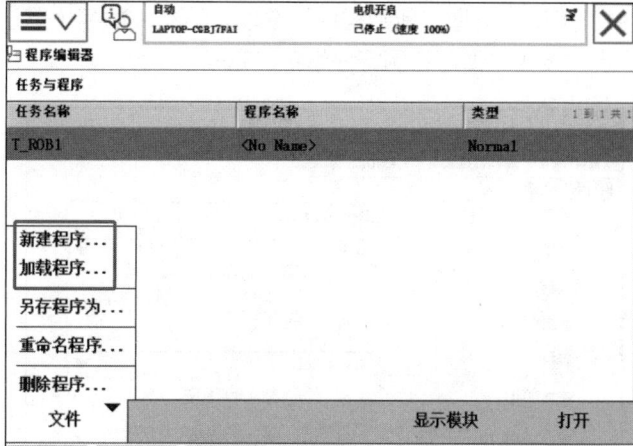

图 7-19　选择"新建程序"或"加载程序"

步骤 3：单击"例行程序"选项卡，查看例行程序，单击　"模块"选项卡，查看模块，图 7-20和图 7-21 所示界面可来回切换。

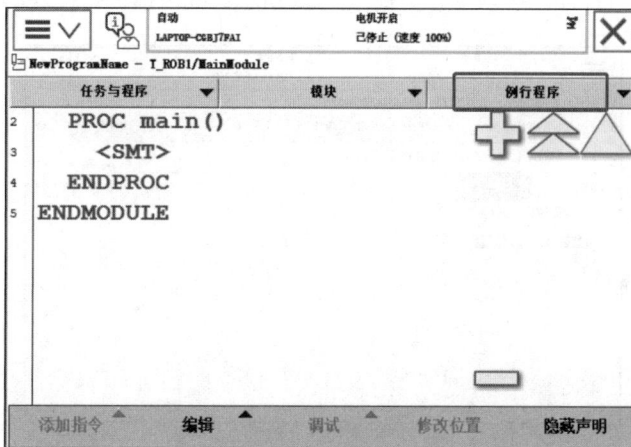

图 7-20　例行程序界面

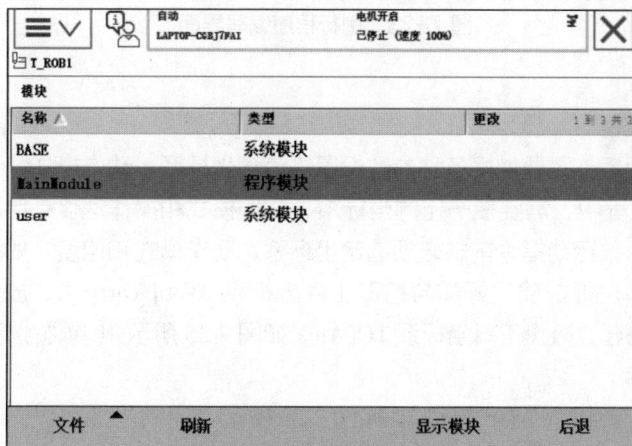

图 7-21　模块界面

步骤 4：单击"文件"按钮，选择"新建程序"选项，给文件命名（默认为"Routine1"），如图 7-22 所示。单击"确定"按钮，即可将例行程序新建完成。

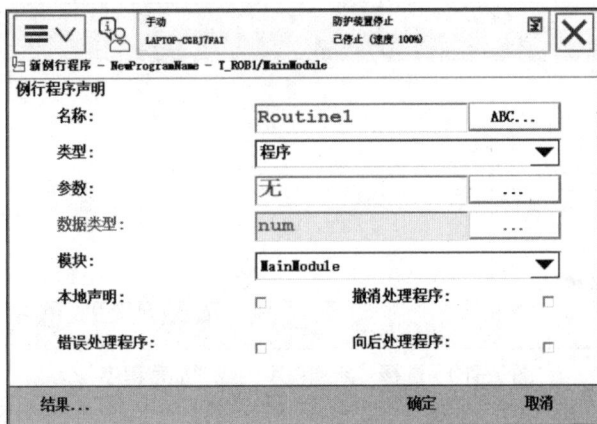

图 7-22　命名例行程序

步骤 5：单击"例行程序"选项卡，可在图 7-23 所示界面进行例行程序的编写。

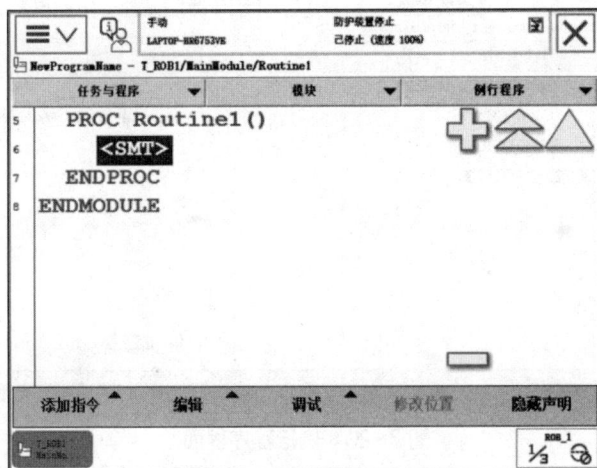

图 7-23　例行程序编写界面

2．例行程序建立

（1）编程前数据准备

做好程序编制规划后，需要做好各种参数设置（包含坐标系、动作模式、速度）。

步骤 1：在示教过程中，需要在一定的坐标系、动作模式和操作速度下手动控制机器人达到某一特定位置，因此在示教运动指令前，必须选定坐标系、动作模式和速度，如图 7-24 所示。

步骤 2：利用三点法提前建立好物料拾取工件坐标系 Wobj_carry_L、放置工件坐标系 Wobj_carry_R，并利用四点法建立吸盘工具坐标系 TCPAir，如图 7-25 所示。（具体坐标标定方法见模块 6。）

（2）建立例行程序

步骤 1：单击主菜单中的"手动操纵"，如图 7-26 所示。

步骤 2：确认此时的"工具坐标"为"tool0"，"工件坐标"为"wobj0"，如图 7-27 所示。

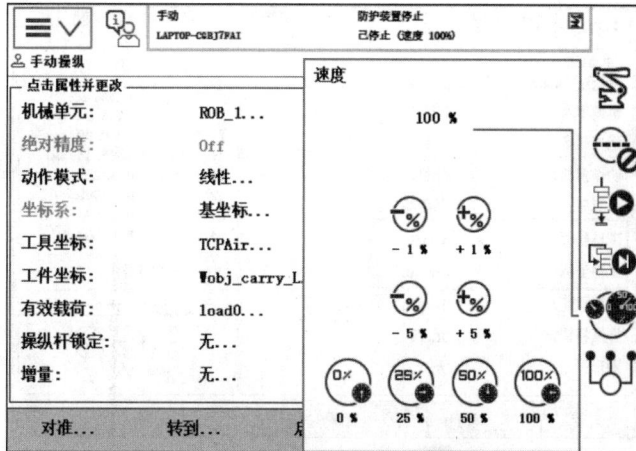

图 7-24　坐标模式、运动模式和速度选择

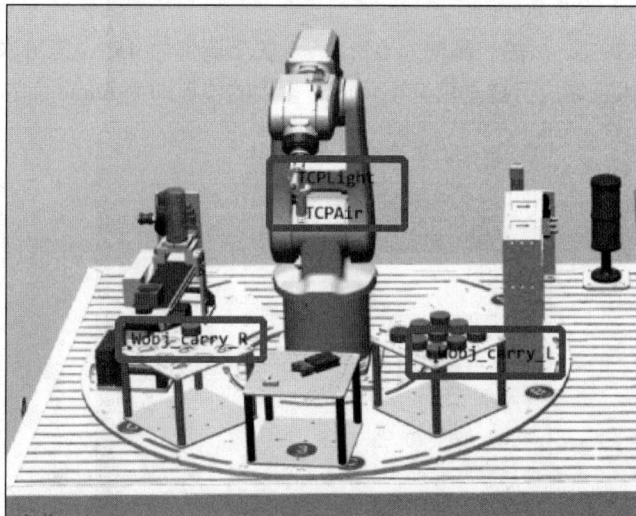

图 7-25　工作台坐标系显示

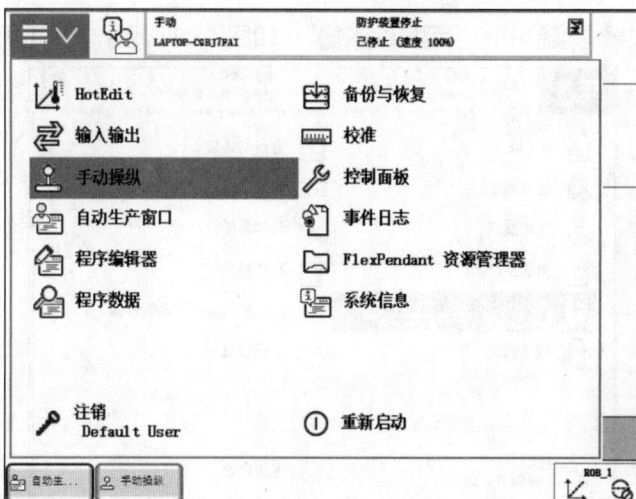

图 7-26　选择"手动操纵"

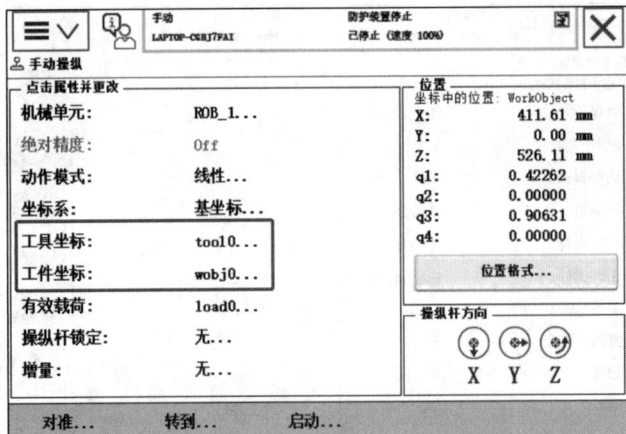

图 7-27　查看"工具坐标""工件坐标"

步骤 3：示教机器人的 P_home 点。

将机器人的第 1、2、3、5 关节调整为 0°，第 4 关节调整为 45°，第 6 关节调整为-180°，如图 7-28 所示，使机器人末端执行器垂直向下。此时得到的位置即 P_home 点的位置。

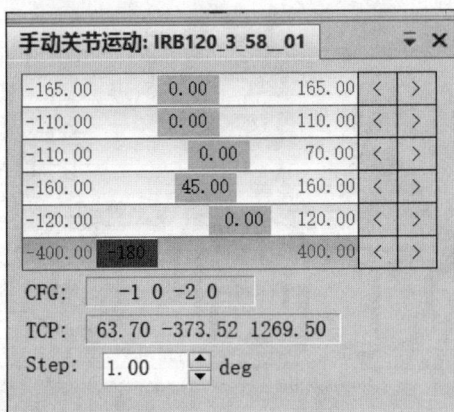

图 7-28　P_home 点设置

步骤 4：单击示教器主菜单中的"程序编辑器"，如图 7-29 所示，打开程序编辑器界面。

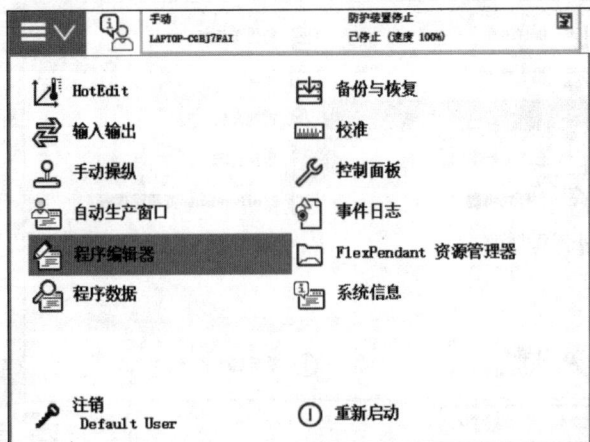

图 7-29　单击"程序编辑器"

步骤 5：双击"Module1"程序模块，如图 7-30 所示。

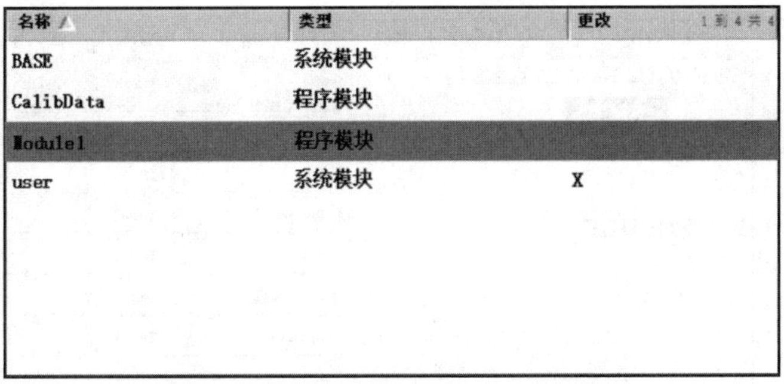

名称 ▲	类型	更改	1 到 4 共 4
BASE	系统模块		
CalibData	程序模块		
Module1	程序模块		
user	系统模块	X	

图 7-30　双击"Module1"程序模块

步骤 6：打开程序编辑窗口，单击"例行程序"选项卡，如图 7-31 所示。

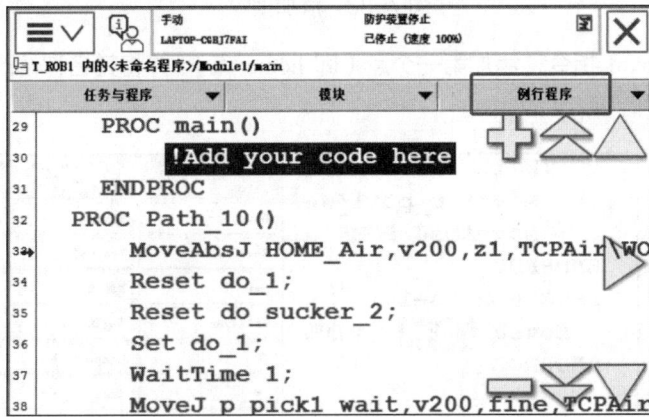

图 7-31　"例行程序"选项卡

步骤 7：单击左下角"文件"→"新建程序"，将例行程序名称改为"main"，如图 7-32 所示。单击"确定"按钮，此时例行程序建立完成。

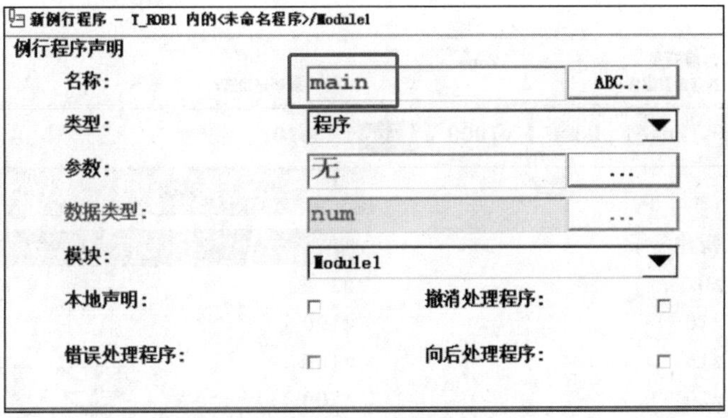

图 7-32　命名例行程序

3．程序编写和目标点修改

（1）物料拾取程序编写

步骤 1：在例行程序界面单击"显示例行程序"按钮，弹出图 7-33 所示界面，单击"添加指令"按钮。

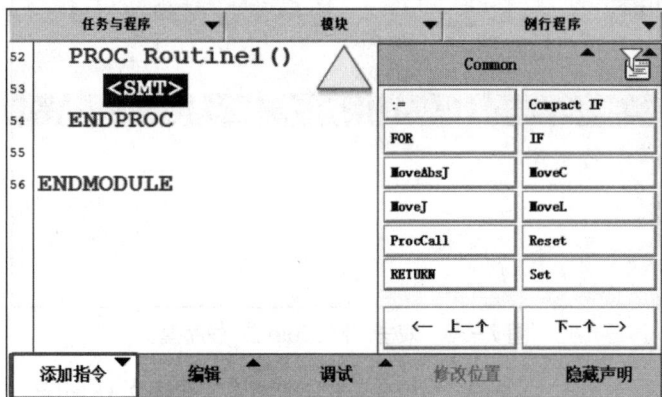

图 7-33 添加指令

步骤 2：选择 MoveJ 指令，添加第一个点（即 home 点），并将其名称修改为"pHome"，如图 7-34 所示，其他参数不用修改。

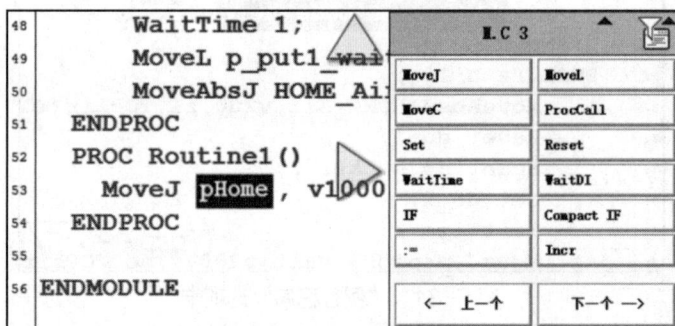

图 7-34 添加 home 点

步骤 3：将转弯数据"z"修改为"fine"，如图 7-35 所示，单击"确定"按钮。

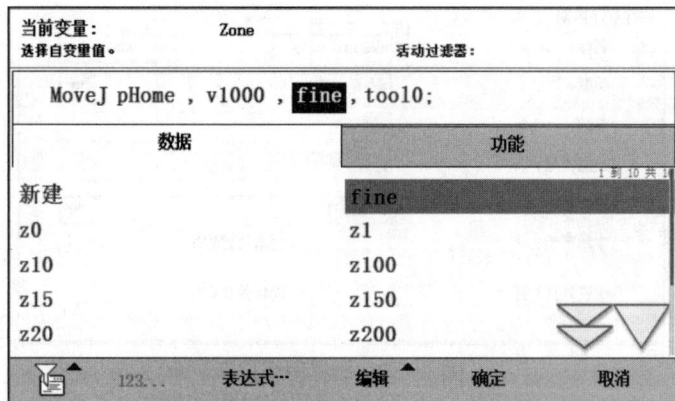

图 7-35 修改 P_home 点转弯数据

步骤 4：选中"pHome"点，如图 7-36 所示，单击"修改位置"按钮。

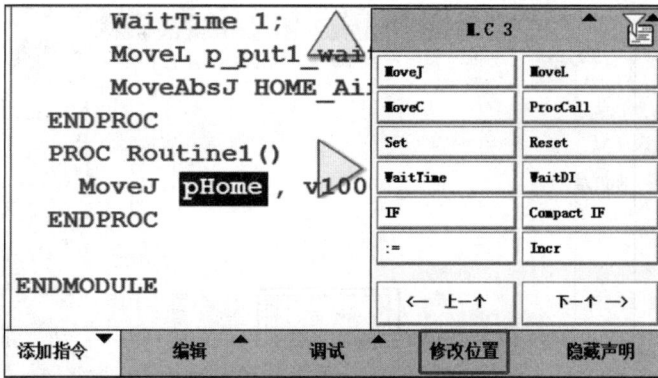

```
        WaitTime 1;
        MoveL p_put1_wai
        MoveAbsJ HOME_Ai
    ENDPROC
    PROC Routine1()
        MoveJ pHome , v100
    ENDPROC

    ENDMODULE
```

MoveJ	MoveL
MoveC	ProcCall
Set	Reset
WaitTime	WaitDI
IF	Compact IF
:=	Incr

← 上一个   下一个 →

添加指令 ▼   编辑 ▲   调试 ▲   修改位置   隐藏声明

图 7-36　修改 P_home 点位置

步骤 5：单击主菜单中的"手动操纵"，修改工具坐标系为"TCPAir"，如图 7-37 所示，单击"确定"按钮。

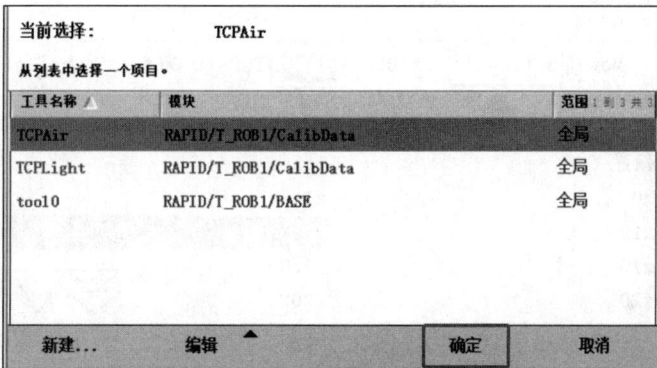

当前选择：	TCPAir	
从列表中选择一个项目。		
工具名称 △	模块	范围 1 到 3 共 3
TCPAir	RAPID/T_ROB1/CalibData	全局
TCPLight	RAPID/T_ROB1/CalibData	全局
tool0	RAPID/T_ROB1/BASE	全局

新建...　　编辑 ▲　　确定　　取消

图 7-37　修改工具坐标系

步骤 6：用同样的方法，将工件坐标系修改为"Wobj_carry_L"，如图 7-38 所示。

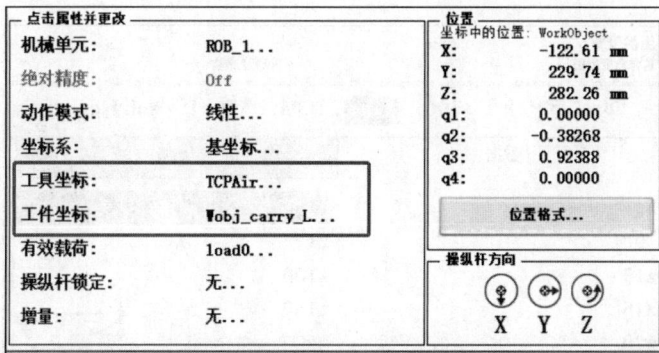

图 7-38　修改工件坐标系

步骤 7：返回到"例行程序"选项卡，打开"程序编辑器"；继续添加 MoveJ 指令，在弹出的对话框中单击"下方"按钮，如图 7-39 所示。

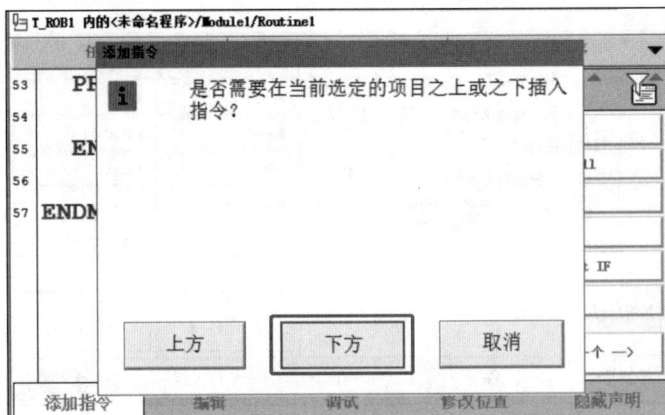

图 7-39　继续添加指令

步骤 8：选择指令中的"*"（双击目标点）；新建物料拾取等待点"pPickWait"，将转弯数据修改为"z100"，如图 7-40 所示，单击"确定"按钮。

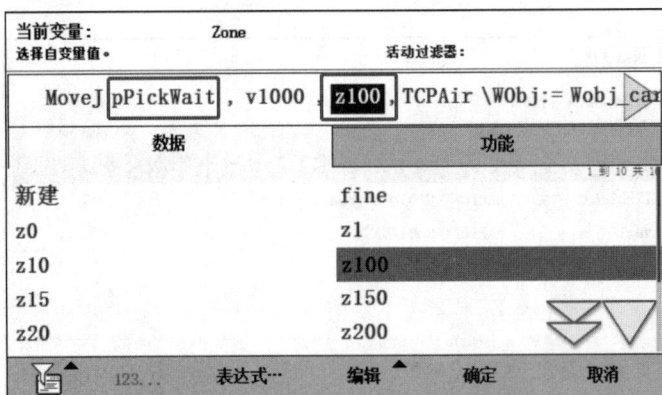

图 7-40　修改"pPickWait"点数据

步骤 9：用同样的方法添加 MoveL 指令，添加目标点"pPick"，速度修改为"v100"，转弯数据修改为"fine"，如图 7-41 所示，操作末端执行器精确到达对应点，单击"确定"按钮。

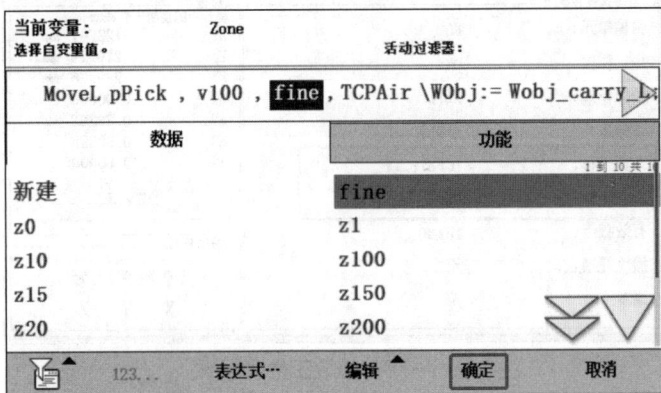

图 7-41　修改"pPick"点数据

步骤 10：添加 Set 指令，新建吸盘真空控制信号"do_sucker_2"，如图 7-42 所示，单击"确定"按钮。

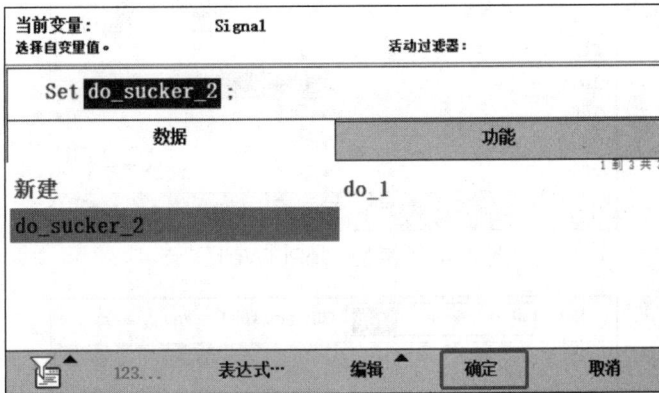

图 7-42 添加 "do_sucker_2" 信号

步骤 11：接着添加 MoveL 指令，选择点 "pPickWait"，转弯数据修改为 "z100"，如图 7-43 所示，单击 "确定" 按钮。此时完成物料拾取程序。

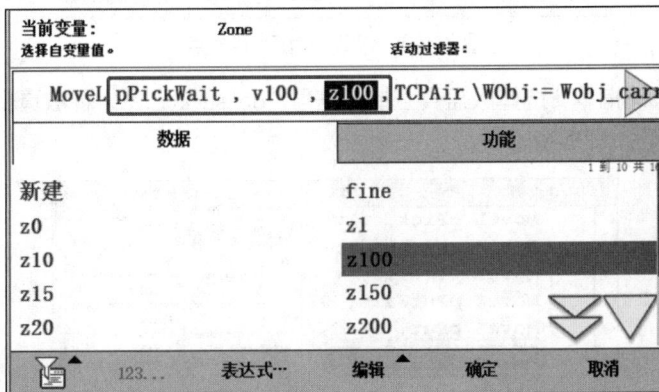

图 7-43 完成物料拾取程序最后一条指令

（2）物料放置程序编写

步骤 1：单击主菜单中的 "手动操纵"，将工件坐标系改为 "Wobj_carry_R"，如图 7-44 所示。

工件名称 △	模块	范围 1到2共2
Wobj_carry_L	RAPID/T_ROB1/CalibData	任务
Wobj_carry_R	RAPID/T_ROB1/CalibData	任务
wobj0	RAPID/T_ROB1/BASE	全局

图 7-44 修改放置程序中的工件坐标系

步骤 2：添加 MoveJ 指令，修改点为 "pPutWait"，速度修改为 "v1000"，如图 7-45 所示。

步骤 3：继续添加 MoveL 指令，选择已经建立的目标点 "pPut"，将速度修改为 "v100"，转弯数据修改为 "fine"，如图 7-46 所示，单击 "确定" 按钮。

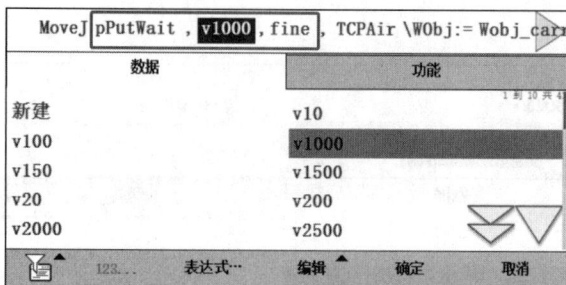

图 7-45　修改 "pPutWait" 点

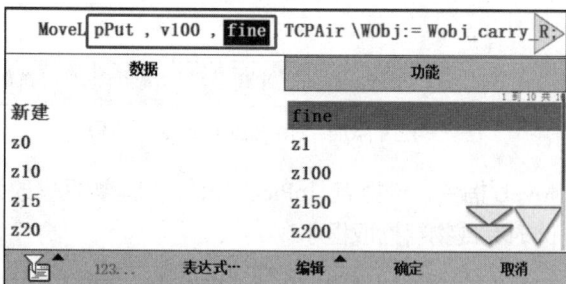

图 7-46　修改 "pPut" 点

步骤 4：添加 Reset 指令，选择吸盘真空控制信号 "do_sucker_2"，释放真空吸盘，如图 7-47 所示，单击 "确定" 按钮，即放置物料。

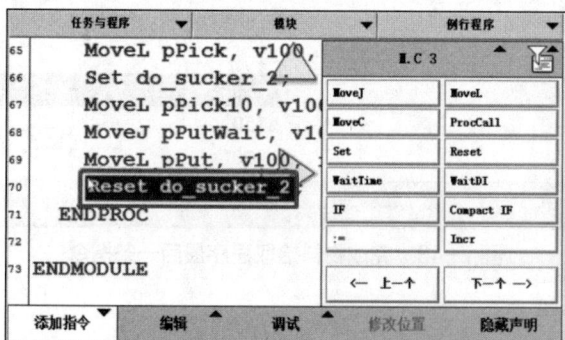

图 7-47　添加释放真空吸盘信号

步骤 5：物料放置完成后，需要返回等待点，添加 MoveL 指令，选择点 "pPutWait"，转弯数据修改为 "z100"，如图 7-48 所示，单击 "确定" 按钮。至此，放置工件程序编写完成。

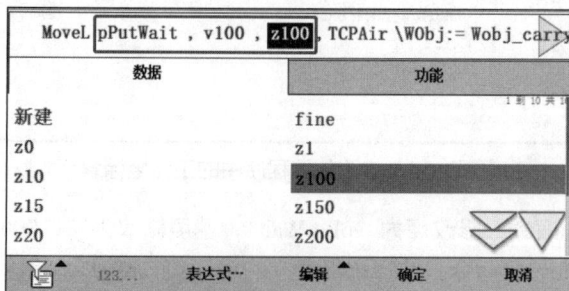

图 7-48　完成物料放置程序最后一条指令

（3）示教目标点

步骤 1：在主菜单中选中"程序数据"；选择"robtarget"数据类型，如图 7-49 所示，选中"显示数据"选项卡。

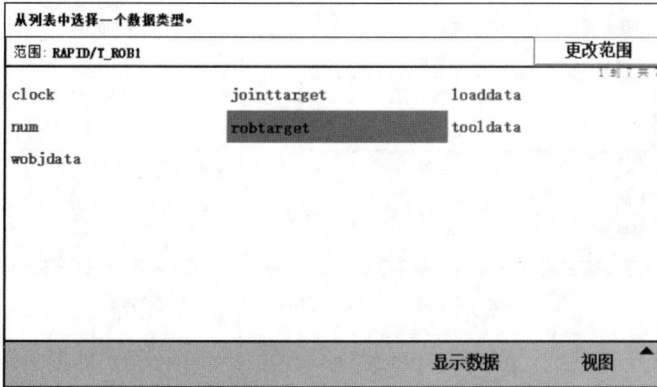

图 7-49　选择"robtarget"数据类型

步骤 2：选中"pPut"点，如图 7-50 所示。手动操纵机器人示教器摇杆，将机器人末端吸盘移动到"pPut"点位。

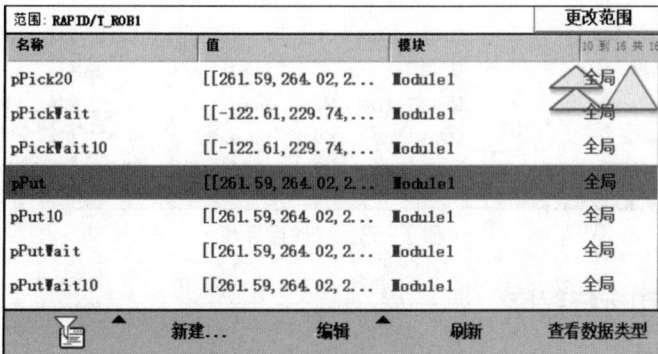

图 7-50　示教"pPut"点

步骤 3：单击"编辑"，再单击"修改位置"选项进行确认，如图 7-51 所示。用同样的方法修改"pPutWait"数据。

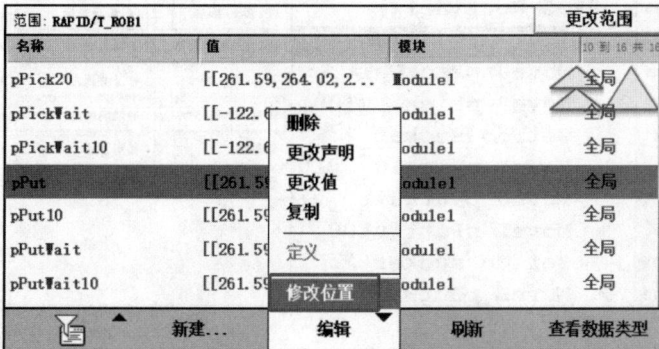

图 7-51　修改"pPut"点位置

步骤 4：单击主菜单中"手动操纵"，将工件坐标系修改为"Wobj_carry_L"，如图 7-52 所示。

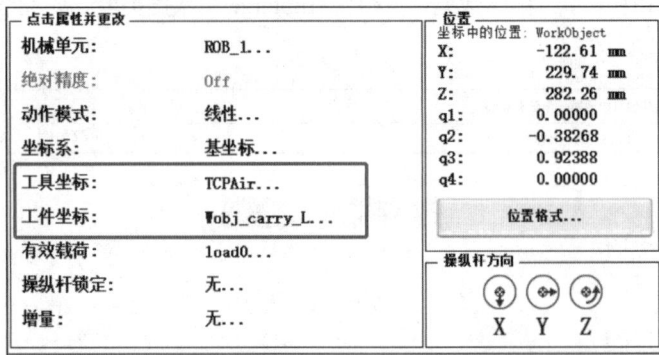

图 7-52　切换"Wobj_carry_L"工件坐标系

步骤 5：用同样的方法完成"pPick""pPickWait"等目标点的示教，如图 7-53 所示，并修改位置。

图 7-53　其他目标点

7.3.4　调试和运行程序

下面是对程序进行调试和运行的步骤。

步骤 1：选中"程序编辑器"，单击"调试"，单击"PP 移至 Main"，如图 7-54 所示。

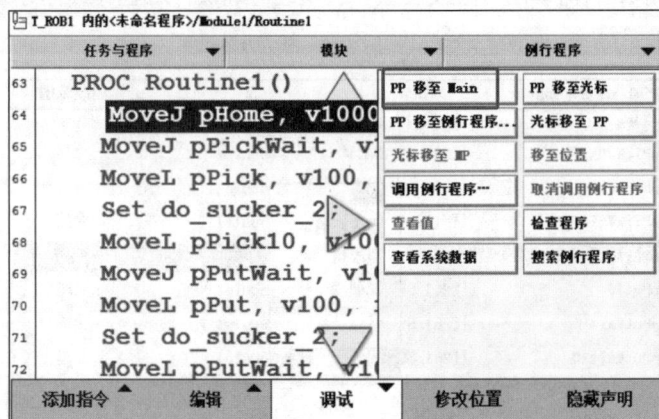

图 7-54　"PP 移至 Main"

步骤 2：手持示教器，按下使能按钮，电动机进入开启状态。按示教器中的"启动"按钮，如图 7-55 所示。注意观察机器人的移动情况，再按停止按钮，松开使能按钮，若搬运任务顺利完成，则调试完毕。

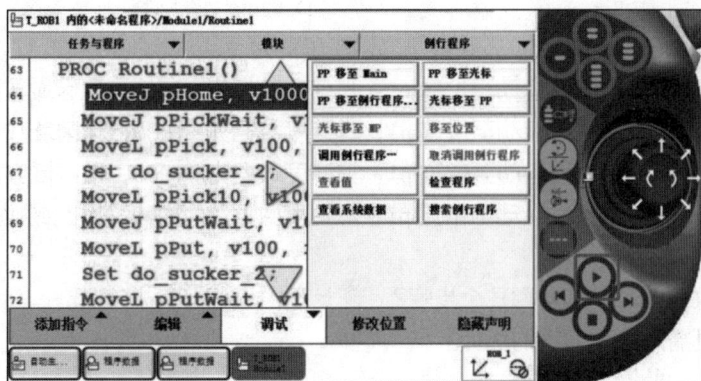

图 7-55　启动程序

【模块小结】

在工业机器人工作前，通常是通过"示教"的方法为机器人作业程序生成动作指令，目前主要采用两种方式进行：一是在线示教，由操作者通过示教盒，操纵机器人使其动作，当认为动作符合实际作业中要求的位置与姿态时，就将这些位姿点记录下来，生成动作指令，存入控制器某个指定的数据存储区，并在程序中的适当位置加入对应工艺参数的作业指令及其他输入/输出指令，因其简单直观、易于掌握，是工业机器人目前普遍采用的编程方式；二是离线编程，操作者不对实际作业的机器人直接进行示教，而是在离线编程系统中进行轨迹规划、任务编程或在模拟环境中进行仿真，进而生成机器人任务程序。

对工业机器人的作业任务进行编程，不论是在线示教还是离线编程，都主要涉及运动轨迹、工艺条件和动作次序 3 方面的示教。

【巩固练习】

一、选择题

1. 关于 MoveJ 的描述哪一条是不正确的？（　　　）

A. 在轨迹类应用中较为常用　　　　　　　　B. 两点之间运动轨迹不一定为直线

C. 位置间的大范围转移常用 MoveJ 指令　　　D. 主要用于圆弧运动

2. 对工业机器人进行作业编程，主要内容包含（　　　）。

①运动轨迹；②工艺条件；③动作次序；④插补方式

A. ①②　　　　　　　　　　　　　　　　　　B. ①②③

C. ①③　　　　　　　　　　　　　　　　　　D. ①②③④

3. 通常所说的 P_home 位置一般指的是（　　　）。

A. 机器人各关节轴零度位置　　　　　　　　B. 机器人吊装搬运姿态位置

C. 自定义的工作起始位置   D. 机器人出厂时定义的位置

4. 在完全到达 p10 后，位置输出信号设为 do1，则运动指令的转角半径应设为（   ）。

A. z0   B. z10

C. z50   D. fine

5. 关于"MoveL p1, v1000, z30, tool2;"描述正确的是（   ）。

A. 工具的 TCPtool1 将关节运动至位置 p1，其速度数据为 v1000，且区域数据为 z30

B. 工具的 TCPtool2 将关节运动至位置 p1，其速度数据为 v1000，且区域数据为 z30

C. 工具的 TCPtool1 将直线运动至位置 p1，其速度数据为 v1000，且区域数据为 z30

D. 工具的 TCPtool2 将直线运动至位置 p1，其速度数据为 v1000，且区域数据为 z30

二、简答题

1. 示教器示教编程可以分为哪几个步骤？

2. 简述工业机器人离线编程的优势。

模块8
工业机器人的应用

08

【学习导读】

随着我国的智能工业化水平逐步提高，工业机器人已成为智能制造的有效抓手。工业机器人已经广泛服务于国民经济的各个领域，从简单的机器人系统，例如单机器人手臂，到复杂的机器人系统，例如汽车装配线（见图 8-1），工业机器人凭借其耐力好、速度快和精确度高的特点完成了各种任务。随着工业机器人技术的不断提高，机器人的应用领域将进一步扩大，工业制造的自动化和智能化水平也将进一步提升，如图 8-2 所示，从而降低人工成本上升和人口红利减少的影响，提高效率和质量，降低成本消耗。

图 8-1 汽车装配线

图 8-2 无人化生产车间

随着工业机器人技术在更多行业的深入应用，在设计工业机器人应用系统时，除了考虑工业机器人本体以外，还应该根据不同的应用需要，选用相应的外围设备。以典型的工业机器人应用系统为例，如图 8-3 所示，在进行码垛、搬运时，应为码垛、搬运机器人系统配备气爪、传感器等设备；在进行弧焊作业之前，需要为弧焊机器人工作站系统配备焊枪、焊丝进给装置、其他弧焊装置、气体检测装置等设备；在进行喷涂作业之前，需要为喷涂机器人工作站系统配备喷枪、传送带、工件检测装置等设备。

通过对本模块的学习，同学们应掌握工业机器人的应用领域、合适的外围设备、合理的设备选型、设备使用方法等，有助于提升自己解决实际问题的能力，这也是顺应时代要求、培养高技术技能人才的基础内容。

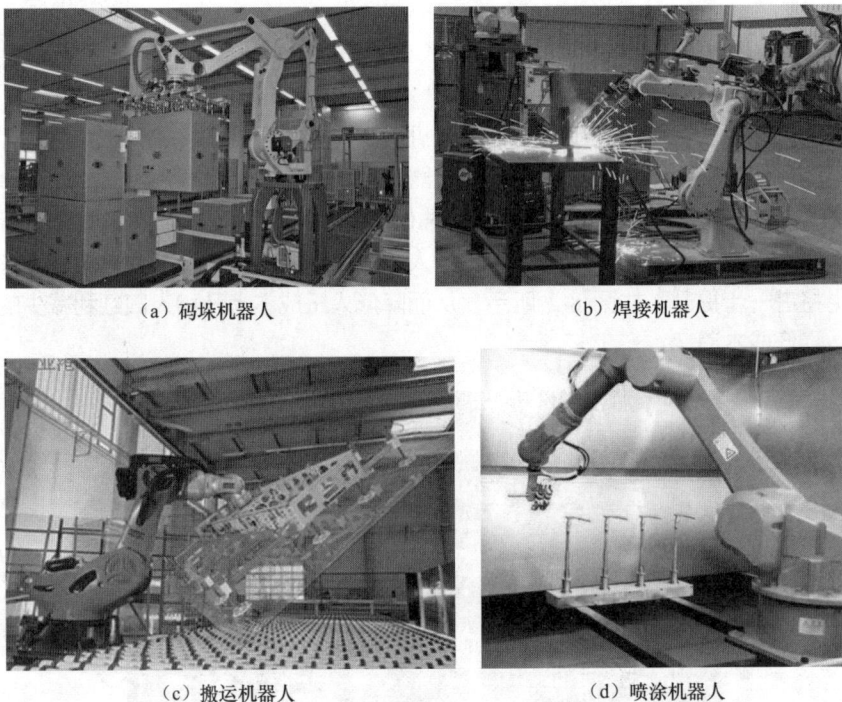

（a）码垛机器人　　　　　　　　　　（b）焊接机器人

（c）搬运机器人　　　　　　　　　　（d）喷涂机器人

图 8-3　典型的工业机器人应用系统

【学习目标】

知识目标
- 了解码垛机器人、搬运机器人、焊接机器人的应用领域；
- 了解码垛机器人、搬运机器人、焊接机器人的分类、特点及系统组成；
- 熟悉工业机器人常用外围设备及布局。

技能目标
- 能根据项目的需求初步选择合适的工业机器人；
- 能为焊接机器人、装配机器人等选择合适的外围配套设备。

素养目标

- 夯实基础，提升对知识的总结和深入思考的能力；
- 培养工程意识、绿色生产意识，正确选用工业机器人及外围配套设备；
- 提升自主探究能力和团队协作能力；
- 通过工业机器人应用训练，提升劳动精神和工匠精神。

【思维导图】

```
                                                    ┌─ 码垛机器人的分类及特点
                              ┌─ 码垛机器人的应用 ──┼─ 码垛机器人的系统组成
                              │                      └─ 编写典型码垛任务程序
                              │
                              │                      ┌─ 搬运机器人的分类及特点
  工业机器人的应用 ──────────┼─ 搬运机器人的应用 ──┼─ 搬运机器人的系统组成
                              │                      └─ 编写典型搬运任务程序
                              │
                              │                      ┌─ 焊接机器人的分类及特点
                              └─ 焊接机器人的应用 ──┼─ 焊接机器人的系统组成
                                                    └─ 创建典型弧焊任务
```

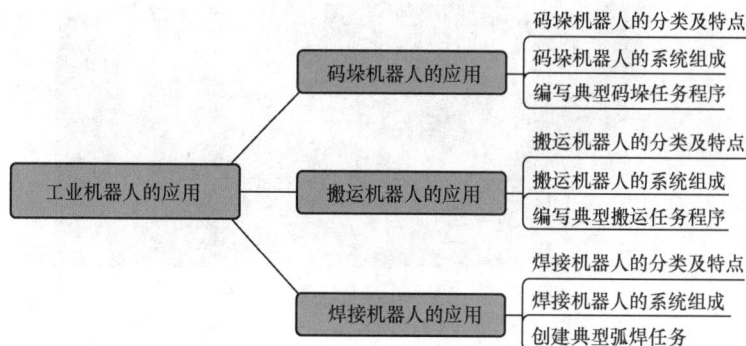

8.1 码垛机器人的应用

【相关知识】

码垛是指在工业生产中按照集成化、单元化的思想将原料、产品等按照特定模式堆码成垛，构建成单元化的物料垛，如图 8-4 所示，从而实现原料、产品的标准化存储、搬运、装卸、运输等流通行动。码垛机器人是一种用来执行码垛任务的专用机器装置，可以将已装入容器（打包）的物体，按一定排列顺序码放在托盘、栈板（木质、塑胶）上，从而实现原料、产品的自动堆码、多层堆码，如图 8-5 所示。码垛完成后托盘、栈板可以由叉车转运至仓库储存或进行下一道工序。

图 8-4　物料垛

图 8-5　码垛机器人及堆码

码垛机器人是经历人工码垛、码垛机码垛两个阶段而出现的自动化码垛作业智能化设备。与传统的人工码垛相比，码垛机器人码垛具有效率高、占地小、动作灵活等特点，不仅可以改善劳动环境，而且可以降低劳动强度，保障人身安全，降低生产能耗，减少辅助设备，从而提高总体劳动生产率。码垛机器人可以很方便地集成在任何生产线中，促使生产现场智能化、无人化、网络化，广泛应用于纸箱、塑料箱、瓶类、袋类、桶装、膜包产品及罐装产品等行业，如图 8-6 所示。码垛行业因码垛机器人的出现实现了生产制造的"新自动化、新无人化"，步入了行业的"新起点"。

图 8-6　码垛机器人与柔性生产线

8.1.1　码垛机器人的分类及特点

码垛机器人同样为工业机器人中的一员，其结构形式和其他类型工业机器人相似（尤其是搬运机器人），码垛机器人与搬运机器人在本体结构上没有过多区别。

1. 码垛机器人的分类

码垛机器人结构多种多样，根据机械结构的不同，码垛机器人通常分为 3 种形式：直角坐标式、关节式和龙门起重架式。

直角坐标式码垛机器人也称桁架式码垛机器人，如图 8-7 所示，以 xyz 直角坐标系统为基本运动数学模型，通过伺服电动机、步进电动机驱动的单轴机械臂为基础工作单元，可以在 xyz 三维坐标系中到达任意点，并完成可控的运动轨迹。这种形式的码垛机器人机械结构简单，机体刚性较强，负载能力强，适用于较重物料的码垛。

关节式码垛机器人通常包括 4~6 个旋转关节，行为动作类似人手臂的行为动作，具有结构紧凑、占地空间小、相对工作空间大、自由度高等特点，适合于几乎任何轨迹或角度的工作。根据结构的不同，关节式码垛机器人可以分为全关节架构码垛机器人、平行四边形架构码垛机器人等。全关节架构码垛机器人如图 8-8 所示，具有 4~6 个旋转关节，操作灵活，适用性很强，广泛应用于箱类、瓶类、袋类、桶类、膜包产品及罐装产品的码垛。平行四边形架构码垛机器人如图 8-9 所示，通过铰链结构放大，构成平行四边形以提供较大的负载能力和较好的稳定性，此种机器人零件数量多，安装复杂，且没有算法支持，可操作性较差，故多用作低端码垛机器人。

龙门起重架式码垛机器人是将机器人手臂装在龙门起重架上，如图 8-10 所示，其多采用模块化结构，可依据负载位置、大小等选择对应的直线运动单元及组合结构形式，具有较大的工作范围，能够抓取较重的物料，可实现大吨位物料的搬运和码垛，通常采用直角坐标系，编程方便快捷，广泛应用于生产线转运及机床上下料等大批量生产过程。

图 8-7　直角坐标式码垛机器人

图 8-8　全关节架构码垛机器人

图 8-9　平行四边形架构码垛机器人

图 8-10　龙门起重架式码垛机器人

2．码垛机器人的特点

与传统的人工码垛、码垛机码垛相比，码垛机器人码垛主要特点如下。

（1）码垛机器人码垛能力相比传统的人工码垛、码垛机码垛有质的提升，可以改善工人劳动条件，使其摆脱有毒、有害环境，提高生产效率，减轻了繁重的体力劳动，实现无人或少人码垛。

（2）码垛机器人的机械结构相对简单，构成零部件少，稳定性高，故障率较低，易于保养及维修，采购成本和维护费用低。

（3）码垛机器人的能源消耗低，电量消耗只有机械式码垛机的五分之一，大大降低运行成本。

（4）码垛机器人的手臂动作范围大，占地面积少，可以在狭窄的空间使用，场地使用效率高，资源浪费小。

（5）码垛机器人的手臂可以同时处理多条生产线的产品码垛。

（6）码垛机器人的操作简单，全部操作可在人机界面或示教器上完成，垛型及码垛层数可任意设置，垛型整齐，方便储存及运输。

（7）码垛机器人的更新部署方便，产品更新时，只需输入新数据，重新计算后即可运行，还可实现不同物料的码垛，不需要硬件、设备上的改造设置，柔性高、适应性强。

8.1.2　码垛机器人的系统组成

与其他类型工业机器人一样，码垛机器人需要集成在各种生产线中，码垛机器人作为码垛单元，通常是一个独立的柔性化系统。同其他类型工业机器人一样，码垛机器人系统也需要相应的辅助设备，才能进行码垛作业。

1. 码垛机器人

以关节式码垛机器人为例，码垛机器人主要由机器人本体、控制系统、码垛系统（气体发生装置、液压发生装置等）和安全保护系统等组成。

（1）机器人本体

码垛机器人的结构形式与常规工业机器人一致，机器人本体由机械部分、控制部分、传感部分组成。关节式码垛机器人本体为多轴机器人，通常为4、5、6轴码垛机器人，4轴码垛机器人应用较为普遍。码垛任务主要在生产线末端进行，码垛机器人安装在底座上，其位置的高低由生产线高度、托盘高度及码垛层数共同决定。在大多数情况下，码垛精度要求较低，比常见的机床上下料搬运精度略低。

（2）控制系统

与常规工业机器人基本一致，码垛机器人的控制系统由运动控制系统和人机交互系统组成。针对码垛任务，控制系统加强了与码垛系统的联系，增加了若干有利于码垛任务的传感器，比如行程开关、接近开关等，同时，针对码垛任务的特性，使控制算法得到了提升。在人机交互系统方面，人机交互设备通常包含示教器和码垛任务人机界面，示教器可以完成机器人位置、轨迹等示教再现，人机界面更注重码垛任务的集成性，可以设置码垛任务的垛型、码垛层数、位置等参数或者显示码垛任务状态。有些码垛机器人将示教器和人机界面结合在一起，更容易操作。

（3）码垛系统

根据码垛任务的不同，码垛系统的组成设备差别很大，但是组成结构大致一样。以常见的包装袋码垛机器人为例，如图8-11所示，组成通常如下。

① 进袋机构：采用输送机完成码垛机进袋任务。

② 转向机构：按设定程序对包装袋做转向编排。

③ 排袋机构：采用输送机将编排好的包装袋送至积袋机构。

④ 积袋机构：采用输送机集中编排好包装袋。

⑤ 码垛机构：采用机器人码垛机构完成码垛作业。

⑥ 托盘库：存放编排好的包装袋垛型。

图8-11　码垛机器人及码垛系统

（4）安全保护系统

随着码垛机器人的普及，产生了许多安全问题，问题核心是如何兼顾码垛效率和生产安全，主要原因是机械结构复杂带来的灵活性下降和智能化程度不足导致可靠性和稳定性不足。码垛机器人的安全保护系统通常分为以下两种。

① 急停按钮、安全门锁、光电保护器、双手按钮等安全继电器构成的硬件保护系统。

② 多层安全传感器、可编程安全控制模块等组成的多段式控制系统。

根据不同工作任务，码垛机器人可能具有其中一种或多种安全保护系统，在兼顾生产安全的前提下，提高码垛效率。

2. 辅助设备

完整的集成化码垛生产线，除了需要码垛机器人和码垛设备外，还需要一些周边辅助设备协同工作，以常见的袋装产品码垛机器人为例，辅助设备有金属检测机、质量复检机、自动剔除机、倒袋机、整形机、待码输送机、传送带装置等。

3. 码垛机器人工作站布局

码垛机器人及码垛系统构成了码垛机器人工作站，码垛机器人工作站的布局以提高生产效率、改善劳动环境、节约作业场地、实现最优垛型为目的。在实际码垛作业中，常见的码垛机器人工作站布局主要有全面式码垛和集中式码垛两种布局形式。

全面式码垛布局是指将码垛机器人安装在生产线末端，如图 8-12 所示，可同时完成多条生产线的码垛任务，这种布局方式更适应生产线，自由度较高，同时具有较小的输送线成本与作业占地面积，使得整个生产线具有更大的操作灵活性，可以进一步提高生产效率，增加产量。集中式码垛布局是指将生产线中的码垛机器人集中安装在某一区域，如图 8-13 所示，可以将所有生产线集中到此区域，输送线路往往较长，具有较高的输送线成本，但此种功能化布局的方式，可以节省生产区域资源，集中化码垛区，使得码垛操作任务高度集中，通常只需一人便可操控全部，从而大大节约人员成本。

图 8-12　全面式码垛布局

图 8-13　集中式码垛布局

【技能训练】

8.1.3　编写典型码垛任务程序

任务提出

现有一批长方体工件，每个工件长度为 30 mm，宽度为 12 mm，高度为 12 mm，如图 8-14 所示，通过工业机器人码垛程序的编写，了解码垛的垛型，掌握 FOR 循环指令的使用和表达式的编辑的方法，利用工业机器人将 2 行、4 列整齐摆放的 8 个工件（行间距为 50 mm，列间距为 75 mm），重叠码垛成 2 行、2 列、2 层的结构（行间距为 12 mm，列间距为 16 mm）。

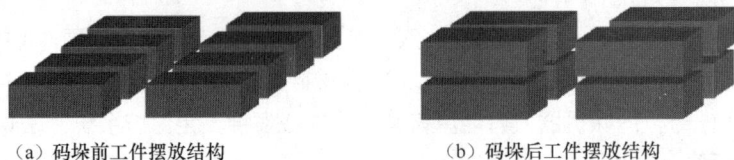

（a）码垛前工件摆放结构　　　　　　（b）码垛后工件摆放结构

图 8-14　码垛任务

任务实施

步骤 1：程序流程。

重叠式码垛程序可使用 FOR 循环指令实现，以码放的工件数作为循环次数，基于工件计数计算每个工件的取放位置。重叠式码垛程序流程如图 8-15 所示。

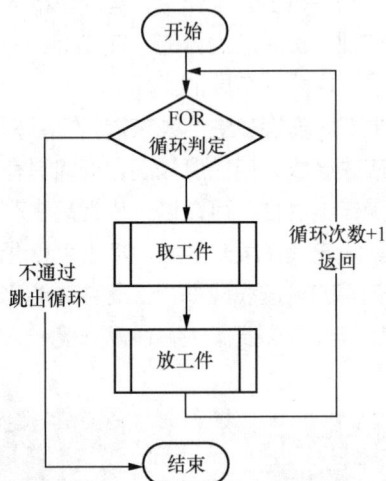

图 8-15　重叠式码垛程序流程

步骤 2：工件拾取位置编码。

令 1、2、3、4 号工件为第 1 行，5、6、7、8 号工件为第 2 行，如图 8-16 所示，则第 N 号工件对应的行数为 PickHang，列数为 PickLie。

假设 Pick 为拾取 1 号工件的位置，即基准位置，则其 x、y 方向的偏移值分别为 PickOffsX、PickOffsY。

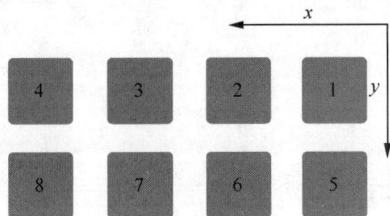

图 8-16　工件拾取位置编码

步骤 3：第 N 号工件对应拾取的行列及相应偏移值的计算方式如图 8-17 所示。

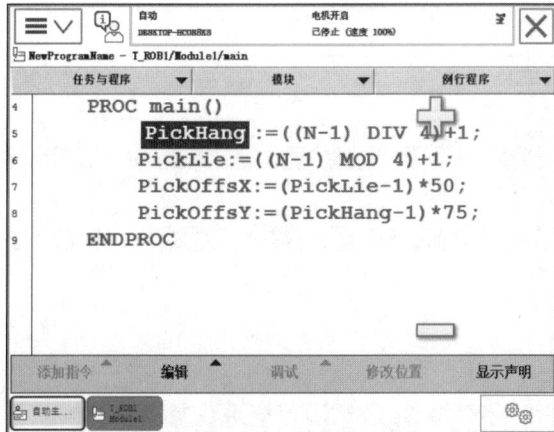

图 8-17　工件拾取行列及偏移值计算

步骤 4：工件放置位置编码。

令 1、2、3、4 号工件为第 1 层，5、6、7、8 号工件为第 2 层，如图 8-18 所示。

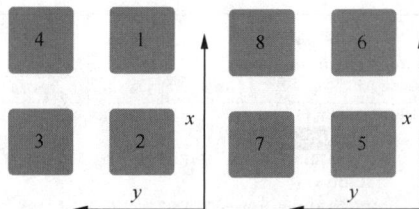

图 8-18　工件放置位置编码

步骤 5：令 1、3 号工件为 1 列，1、2 号为 1 行。第 N 号工件对应的行数为 PutHang，列数为 PutLie，层数为 PutCeng。假设 Put 位置为码放 1 号工件的位置即基准位置，其 x、y、z 方向的偏移值分别为 PutOffsX、PutOffsY、PutOffsZ。第 N 个工件对应放置的行列及相应偏移值的计算方式如图 8-19 所示。

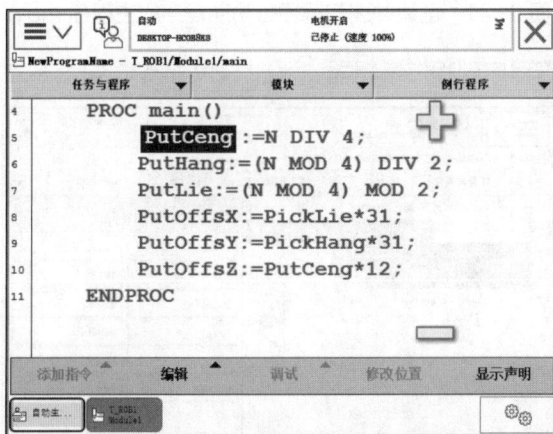

图 8-19　工件放置行列及偏移值计算

步骤 6：创建码垛程序，利用 FOR 循环结构编写码垛程序。

创建并编写主程序 main，再创建取吸盘工具 Qu_Gongju、放吸盘工具 Fang_Gongju 和码垛

MaDuo 例行程序，如图 8-20 所示。

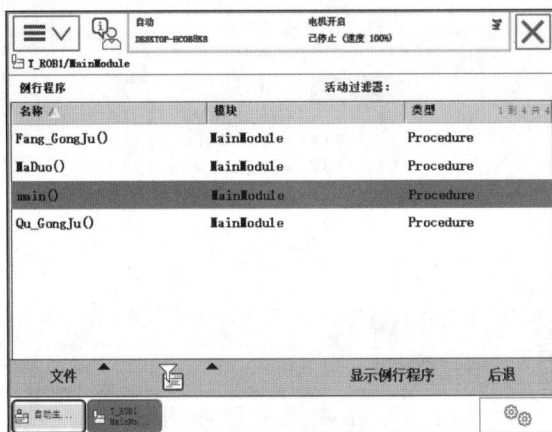

图 8-20 创建码垛程序

步骤 7：创建并编写调用各功能程序的主程序 main，如图 8-21 所示。

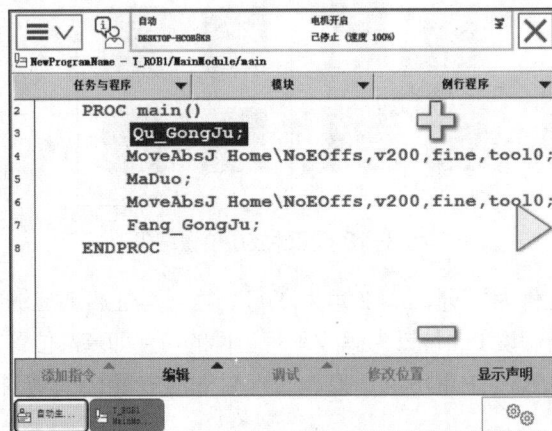

图 8-21 创建并编写调用各功能程序的主程序 main

步骤 8：加载码垛例行程序到程序编辑器，添加 FOR 指令，如图 8-22 所示。

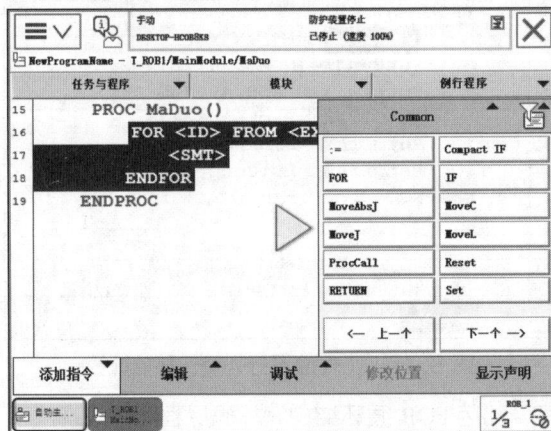

图 8-22 码垛例行程序添加 FOR 指令

步骤 9：声明数值型变量。

新建"PickOffsX""PickOffsY""PutOffsX""PutOffsY""PutOffsZ""PickHang""PickLie""PutHang"
"PutLie""PutCeng"变量，部分变量显示界面如图 8-23 所示。

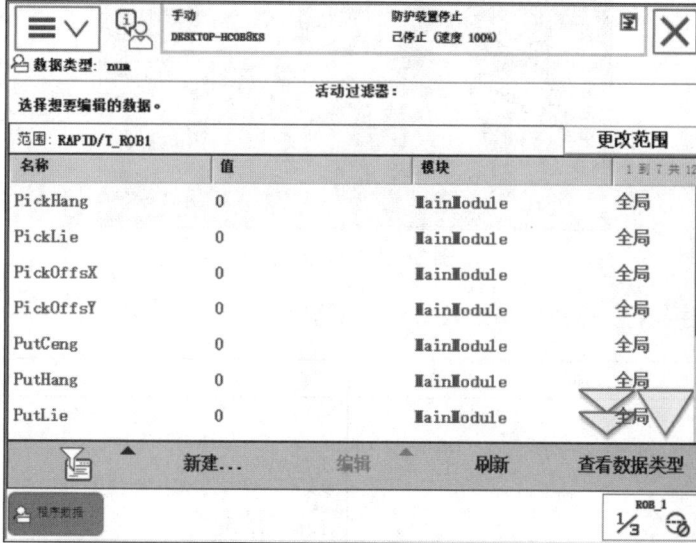

图 8-23　新建码垛程序变量

步骤 10：在大地坐标系下将机器人移动到 1 号工件的拾取位置，如图 8-24 所示，然后修改拾取
位置变量 Pick 的值。

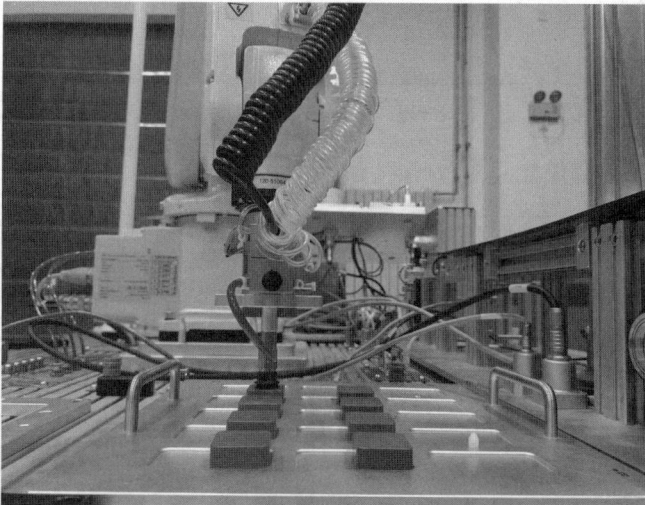

图 8-24　拾取位置

步骤 11：将机器人移动到 1 号工件的码放位置，如图 8-25 所示，然后按照同样的方法修改码放
位置变量 Put 的值。

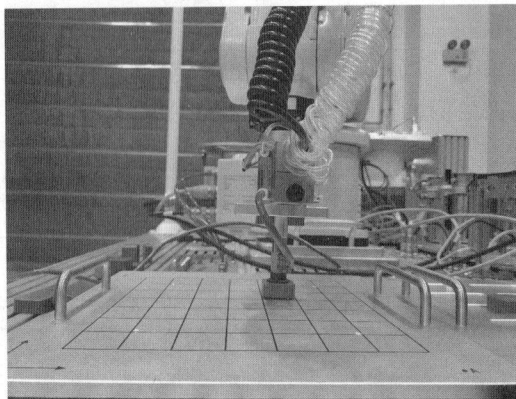

图 8-25　码放位置

步骤 12：主程序与行列数据计算，如图 8-26 所示。

程序	程序说明
PROC main()	主程序开始
Qu_GongJu;	调用取工具 **Qu_GongJu** 例行程序
MaDuo;	调用码垛 **MaDuo** 例行程序
Fang_GongJu;	调用放工具Fang_GongJu 例行程序
ENDPROC	主程序结束
PROC MaDuo()	码垛例行程序开始
MoveAbsJ Home\NoEOffs, v200, fine, tool0;	工业机器人返回原点
FOR N FROM 0 TO 7 DO	**FOR** 循环 8 次
PickHang:=N DIV 4;	计算取放行列数据
PickLie:=N MOD 4;	
PickOffsX:=PickLie*50;	
PickOffsY:=PickHang*75;	
PutHang:= (N MOD) 4DIV 2;	
PutLie:= (N MOD) MOD 2;	
PutCeng:=N DIV 4;	
PutOffsX:=PutLie*31;	
PutOffsY:=PutHang*31	
PutOffsZ:=PutCeng*12;	

图 8-26　主程序与行列计算

步骤 13：重叠式码垛程序如图 8-27 所示。

程序	程序说明
MoveJ Offs(pick,PickOffsX,PickOffsY,100), v200, z20, XiPan_Tool;	机器人到达工件吸持位置接近点
MoveL offs(pick,PickOffsX,PickOffsY,0), v200, fine, XiPan_Tool;	机器人到达工件吸持位置点
SetDO YV5, 1;	吸盘吸持工件
WaitDI SEN1, 1;	等待真空检测信号为 1
MoveL Offs(pick,PickOffsX,PickOffsY,100),v200, z20, XiPan_Tool;	机器人到达工件吸持位置接近点
MoveL Offs(put,PutOffsX,PutOffsY,PutOffsZ+150), v200, z20, XiPan_Tool;	机器人到达工件放置位置接近点
MoveL Offs(put,PutOffsX,PutOffsY,PutOffsZ), v200, fine, XiPan_Tool;	机器人到达工件放置位置点
SetDO\Sync, YV5, 0;	吸盘释放工件
SetDO\Sync, YV4, 1;	开启真空破坏
WaitDI SEN1, 0;	等待真空检测信号为 0
WaitTime 0.1;	延时 0.1s
SetDO\Sync, YV4, 0;	关闭真空破坏
MoveL Offs(put,PutOffsX,PutOffsY,PutOffsZ+150),v100,z20,XiPan_Tool;	机器人到达工件放置位置接近点
ENDFOR	**FOR** 循环结束
MoveAbsJ Home\NoEOffs, v200, fine, tool0;	工业机器人返回原点，码垛例行程序
ENDPROC	结束

图 8-27　重叠式码垛程序

8.2 搬运机器人的应用

【相关知识】

搬运作业是工业领域中常用的作业方式，是一种使设备用握、持、抓、吸等动作作用于工件，并使工件从一个加工位置移动到另一个加工位置的过程。搬运机器人是可以进行自动化搬运作业的工业机器人，如图 8-28 所示。

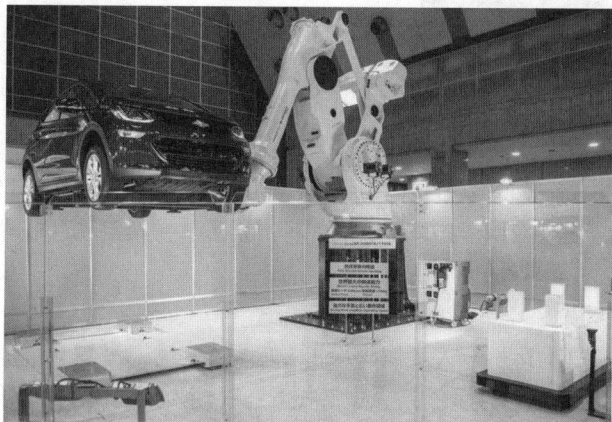

图 8-28　搬运机器人

搬运机器人与码垛机器人类似，可以安装不同的末端执行器，完成各种形状和状态工件的搬运工作，可以代替人类去完成工业生产中单调、频繁和重复的机械性长时间作业，通过编程使得其操作精度以及劳动强度也大大地超越了人类，能完成人工所不能完成的工作，大大地减轻了人类繁重的体力劳动，提高了劳动生产效率，广泛应用于机床上下料、冲压机自动化生产、自动装配、码垛搬运、集装箱装卸等作业。

8.2.1 搬运机器人的分类及特点

搬运机器人可以通过编程完成各种预期的任务，在自身结构和性能方面有着人类和普通机器不可替代的优势，尤其是智能性和适应性，搬运机器人可以完成多样化的任务以及人工所不能完成的任务。

1. 搬运机器人的分类

根据任务和结构的不同，目前搬运机器人的分类主要包括以下几种。

（1）龙门式搬运机器人

龙门式搬运机器人是一种直角坐标型机器人，如图 8-29 所示，其坐标系主要由 x 轴、y 轴和 z 轴组成。龙门式搬运机器人采用模块化结构，可依据负载的位置、尺寸、材质、形状等参数选择对应的直线运动单元及组合结构形式，可实现大尺寸、大吨位产品的搬运，直角坐标系数学模型简单，编程方便快捷，广泛应用于机床上下料及生产线转运等大批量产品的生产过程。

（2）悬臂式搬运机器人

悬臂式搬运机器人是龙门式搬运机器人的一种变形形式，如图 8-30 所示，由双轨变为单轨，悬臂式结构，反应速度快，但负载能力有所下降，更适合于操作空间狭小的场合，广泛应用于卧式机床、立式机床及特定机床内部和冲压热处理机床的自动上下料。

图 8-29　龙门式搬运机器人

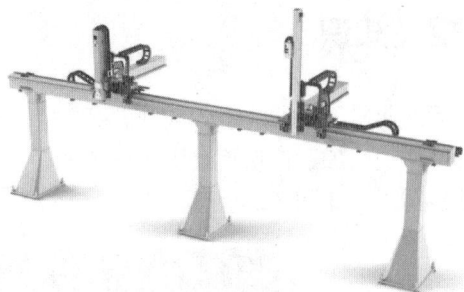

图 8-30　悬臂式搬运机器人

（3）侧壁式搬运机器人

侧壁式搬运机器人也是一种直角坐标型机器人，可依据作业任务的不同选择对应的直线运动单元，可实现产品的搬运，主要应用于立体库类，如标准件库、档案自动存取（见图 8-31）、全自动银行保管箱存取系统等。

（4）摆臂式搬运机器人

从结构上来看，摆臂式搬运机器人类似码垛机，如图 8-32 所示，其末端执行器可以绕 x 轴转动，通过 4 轴联动，可以完成产品的搬运任务。摆臂式搬运机器人结构简单，操作容易、灵活，广泛应用于工业领域。

图 8-31　档案自动存取

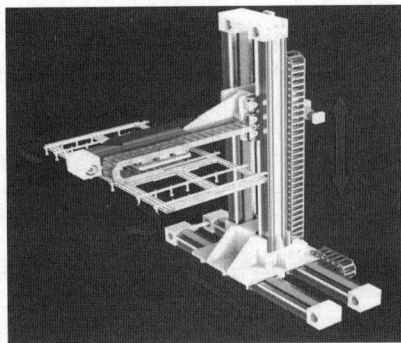

图 8-32　摆臂式搬运机器人

（5）关节式搬运机器人

关节式搬运机器人是当今工业领域中常见的机型，如图 8-33 所示，行为动作与人手臂的动作类似，一般拥有 4~6 个轴，自由度高、动作灵活、运动惯性小、通用性强、结构紧凑、相对工作空间大、占地面积小，能绕过机体和工作机械之间的障碍物进行工作，适合于几乎任何轨迹或角度的工作。

（6）AGV 搬运机器人

自动导引车（Automated Guided Vehicle，AGV），也称 AGV 搬运机器人，是指安装有导向设备，以充电电池为驱动力，可以按要求路径行车，可以完成多样化移载的车辆，如图 8-34 所示。在工业生产应用中，AGV 搬运机器人以轮式和履带式移动为主流，相较其他形式的搬运机器人，具备行动便捷、工作效能高、构造简易、可预测性强、安全系数高等优点。根据结构的不同，AGV

搬运机器人可分为列车型、平板车型、带移载装置型、货叉型及带升降工作台型。与其他工业设备相比，AGV 搬运机器人的活动不依赖铺装路轨、橡胶支座架等定位装置，不受场所、路面和室内空间的限定，可以充分地发挥自动性、机动性特点，促进生产制造的高效化、智能化、集约化、柔性化发展。

图 8-33　关节式搬运机器人

图 8-34　AGV 搬运机器人

2．搬运机器人的特点

搬运机器人在实际应用中具有如下特点。

（1）根据作业任务的要求，能够实时调节机器人的动作节拍、移动速率、末端执行器动作状态，可更换不同的末端执行器以适应不同的物料，末端执行器更换方便、快捷。

（2）搬运机器人自身占地面积相对小、动作工作空间大，可以设置在狭窄的空间，节约空间，可留出较大的厂房面积，有利于生产厂房中生产线的布置。

（3）搬运机器人结构简单、零部件少、故障率较低、性能可靠、保养维修简单、所需库存零部件少，可以很方便地与传送带、移动滑轨等辅助设备集成，实现柔性化生产。

（4）搬运机器人适用性很强，可根据任务的变化进行调整，如产品的尺寸、体积、形状及托盘的外形尺寸发生变化，搬运机器人只需在人机界面上稍做修改即可，不需要更改生产工艺流程，可最大限度地减少对正常生产的影响。

（5）搬运机器人能耗低，大大降低了客户的运行成本。

（6）搬运机器人操作简单，在控制柜屏幕上操作即可完成全部控制，只需定位抓起点和摆放点，操作非常简单。

8.2.2　搬运机器人的系统组成

以机器人为核心，辅以配套装置，可构建搬运机器人工作站。

1．搬运机器人

除 AGV 搬运机器人外，其他搬运机器人结构组成类似，我们以关节式搬运机器人为例进行介绍。关节式搬运机器人工作站主要由机器人本体、控制系统、搬运系统（气体发生装置、真空发生装置和手爪等）、安全保护系统和辅助设备等组成。

（1）机器人本体

关节式搬运机器人本体为多轴机器人，通常为 4、5、6 轴机器人。机器人本体由机械部分、控制部分、传感部分组成，通常具有回转、抬臂、前伸、手腕旋转、手腕弯曲、手腕扭转等关节。

（2）控制系统

针对搬运任务，关节式搬运机器人的控制系统加强了与搬运系统的联系，增加了各种传感器，比如行程开关、接近开关等，便于搬运任务的完成，有些搬运机器人还有独立的搬运任务人机界面，更注重搬运任务的可控性、集成性和连贯性，可以对搬运任务中的物品类型、手爪、路线、姿态等参数进行设置，更好地完成搬运任务。

（3）搬运系统

关节式搬运机器人搬运系统主要包括真空发生装置、气体发生装置、液压发生装置、手爪等，搬运系统的核心是末端执行器，常见的搬运机器人末端执行器有吸附式、夹钳式和仿生式等几种，除手爪外其余装置均为标准件，企业常用空气控压站对整个车间提供压缩空气和抽真空。

（4）安全保护系统

随着搬运机器人的普及，其在取代人工的同时，也产生了许多安全问题，机械结构复杂导致系统的灵活性、可靠性和稳定性下降，如何兼顾搬运效率和生产安全是安全保护系统的核心。为了保证搬运机器人的安全生产，搬运机器人的安全保护系统分为以下两种。

① 急停按钮、安全门锁、光电保护器、双手按钮等安全继电器构成的硬件保护系统。

② 多层安全传感器、可编程安全控制模块等组成的多段式控制系统。

根据工作任务的不同，搬运机器人可能具有其中一种或多种安全保护系统，在兼顾生产安全的前提下，提高搬运效率。

2. 辅助设备

完整的集成化搬运生产线，除了需要搬运机器人外，还需要一些周边辅助设备协同工作。常见的搬运机器人辅助装置有增加移动范围的滑移平台等。增加滑移平台是搬运机器人增加自由度常用的方法，可将滑移平台安装在地面上或龙门框架上。

3. 搬运机器人工作站布局

常见的搬运机器人工作站可采用 I 型、L 型、O 型等布局。

（1）I 型布局通常使用直角坐标型搬运机器人作业，如图 8-35 所示，这种布局要求设备呈一字排列，对厂房高度、长度、宽度有很高要求，搬运机器人的工作运动方式为直线搬运，效率比较低，不能满足工序复杂以及对放置位置、相位等有特殊要求的工件上下料的作业需要。

图 8-35　I 型布局

（2）L型布局是指将搬运机器人安装在龙门架上，使其行走在机床上方，如图8-36所示，这种布局编程方便快捷，可以最大限度地节约地面资源，广泛应用于机床上下料及生产线转运等大批量产品的生产过程，但是这种布局对厂房要求较高，建设成本较高。

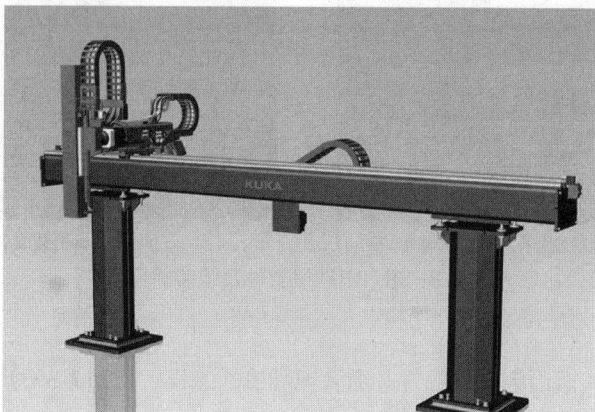

图 8-36　L 型布局

（3）O型布局又称岛式加工单元，如图8-37所示，主要以关节式搬运机器人为中心，搬运机器人可以是固定式或者移动式，机床围绕其周围形成环状，此种布局结构紧凑，可提高生产效率、节约空间，适合小空间厂房作业，广泛应用于各种智能制造加工单元。

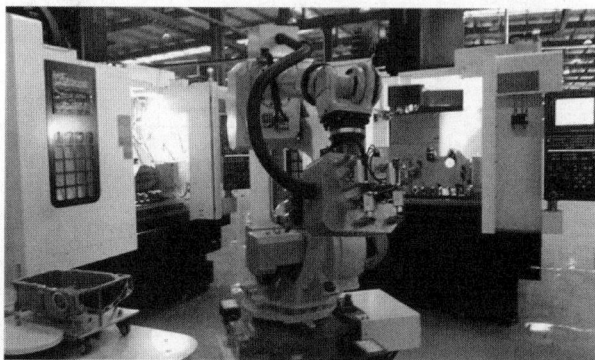

图 8-37　O 型布局

【技能训练】

8.2.3　编写典型搬运任务程序

任务提出

电动机部件搬运应用是工业生产中的典型任务，其工作流程是搬运机器人通过工具快换装置安装合适的搬运工具（本任务选择平口手爪工具），按照任务要求，将电动机外壳、转子和端盖3个部件依次搬运至指定位置，再完成电动机的组装，如图8-38所示，最后将平口手爪工具放回工具快换装置。

在搬运机器人搬运电动机外壳、转子、端盖的任务中，运动轨迹规划使用了多个目标点，目标点都是通过示教得到的，对程序结构进行优化，减少示教目标点，提高编程效率。

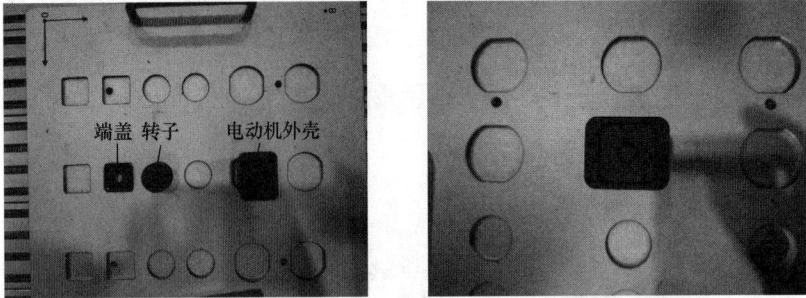

（a）电动机外壳、转子和端盖　　　　　　（b）电动机组装成品

图 8-38　电动机部件及组装成品

任务实施

步骤 1：工业机器人搬运电动机部件并组装电动机的流程，如图 8-39 所示。

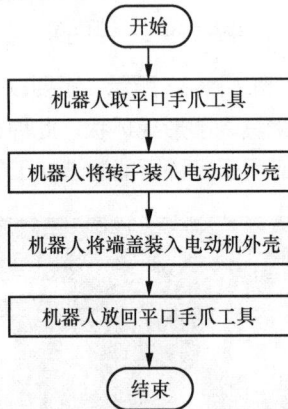

图 8-39　电动机部件搬运及电动机组装流程

步骤 2：完成整个搬运过程，规划运动轨迹需 9 个关键点，分别以数字 1～9 表示，工业机器人搬运及组装运动轨迹关键点的顺序为：1-2-3-2-4-5-4-6-7-6-8-9-8-1。各点说明如图 8-40 所示。

序号	名称	说明
1	Home	工作原点
2	Qu_ZhuanZi_GuoDu	取转子过渡点
3	Qu_ZhuanZi	取转子点
4	Fang_ZhuanZi_GuoDu	放转子过渡点
5	Fang_ZhuanZi	放转子点
6	Qu_DuanGai_GuoDu	取端盖过渡点
7	Qu_DuanGai	取端盖点
8	Fang_DuanGai_GuoDu	放端盖过渡点
9	Fang_DuanGai	放端盖点

图 8-40　运动轨迹关键点

步骤 3：完成此次电动机装配件的搬运共建立了 5 个例行程序，如图 8-41 所示。

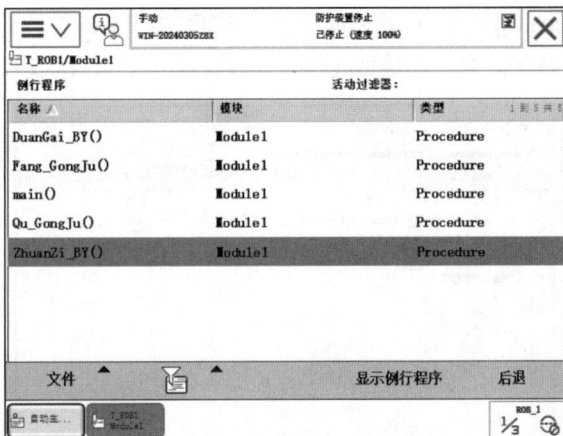

图 8-41　搬运例行程序

步骤 4：调用各例行程序的主程序结构，如图 8-42 所示。

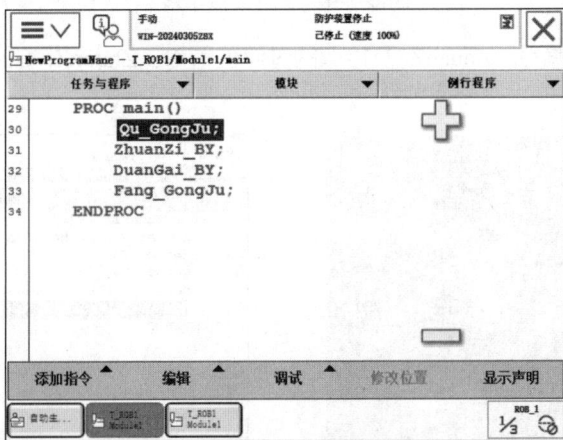

图 8-42　主程序结构

步骤 5：打开例行程序"ZhuanZi_BY"，使用 MoveAbsJ 指令记录开始位置，将其命名为 Home。添加 SetDo 指令，信号选择 YV3，目标状态为 1，如图 8-43 所示，完成后单击"确定"按钮。

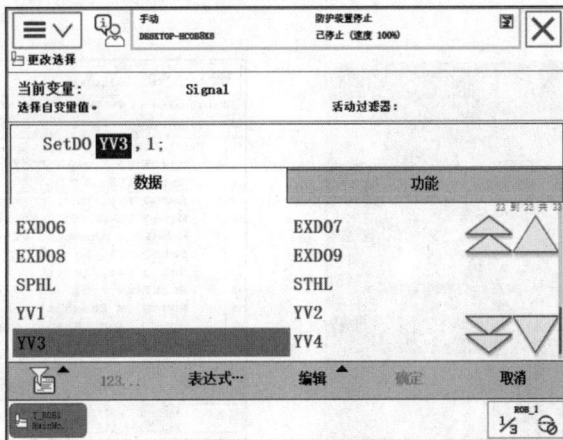

图 8-43　信号设置

步骤 6：再次添加 SetDo 指令，如图 8-44 所示，信号选择 YV4，目标状态为 0。YV3 和 YV4 的信号分别控制手爪的张开和闭合，在拾取工件前需保证手爪的张开状态。

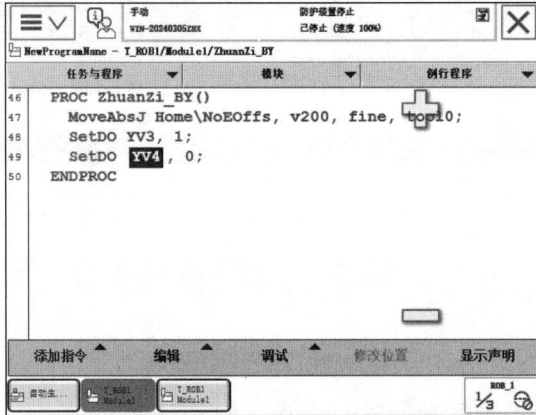

图 8-44　手爪信号设置

步骤 7：记录拾取位置 Qu_ZhuanZi 及拾取的过渡位置 Qu_ZhuanZi_GuoDu，如图 8-45、图 8-46 所示。

图 8-45　移动至拾取位置

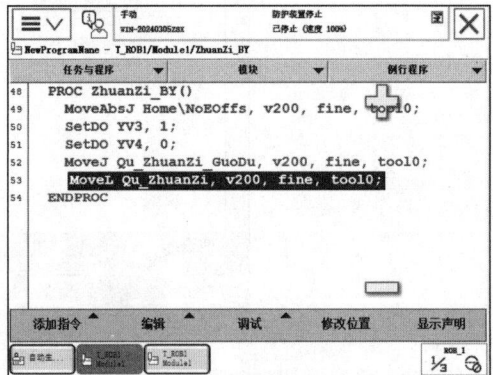

图 8-46　拾取位置记录

步骤 8：记录放置位置 Fang_ZhuanZi 及放置的过渡位置 Fang_ZhuanZi_GuoDu，如图 8-47、图 8-48 所示。

图 8-47　移动至放置位置

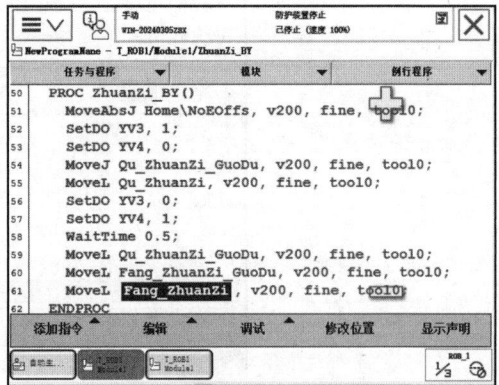

图 8-48　放置位置记录

步骤 9：搬运及装配程序如图 8-49 所示。

序号	程序	程序说明
1	MoveAbsJ Home\NoEOffs,v200,fine,tool0 ;	移动至起始位置
2	SetDO YV3,1;	
3	SetDO YV4,0;	手爪张开
4	MoveJ Qu_ZhuanZi_GuoDu,v200,fine,tool0;	移动至拾取转子的过渡点
5	MoveL Qu_ZhuanZi,v200,fine, tool0;	移动至拾取转子位置
6	SetDO YV3,0;	
7	SetDO YV4,1;	手爪闭合
8	WaitTime 0.5;	等待 0.5s
9	MoveL Qu_ZhuanZi_GuoDu,v200,fine, tool0;	移动至拾取转子的过渡点
10	MoveL Fang_ZhuanZi_GuoDu, v200,fine,tool0;	移动至放置转子过渡点
11	MoveL Fang_ZhuanZi,v200,fine, tool0;	移动至放置转子位置
12	SetDO YV3,1;	
13	SetDO YV4,0;	手爪张开
14	WaitTime 0.5;	等待 0.5s
15	MoveL Fang_ZhuanZi GuoDu,v200,fine,tool0;	移动至放置转子的过渡点

图 8-49　搬运及装配程序

8.3　焊接机器人的应用

【相关知识】

焊接是现代机械制造业中常用的一种加工工艺，在装备制造、汽车制造、工程机械等行业中占有重要的地位。焊接时的电弧、火花及烟雾等对人体会造成伤害，同时焊接构件的焊接精度和速度要求越来越高，焊接工艺的复杂性、劳动强度、劳动保护、产品质量、批量化生产等要求，使得焊接工艺对于自动化、机械化的要求极为迫切。

焊接机器人是从事焊接作业（包括切割与喷涂作业）的工业机器人，如图 8-50 所示，其末端轴的机械接口，通常是一个连接法兰，可以安装不同类型的工具和末端执行器，在焊接机器人末端轴法兰装接焊钳或焊枪，按要求轨迹及速度移动焊接工具，即可完成焊接作业。

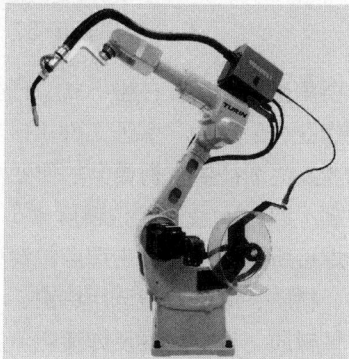

图 8-50　焊接机器人

焊接机器人的焊接质量优良、稳定，而且焊枪移动速度快，可达 3 m/s，效率高，相比人工焊接，效率可提高 2～4 倍，可以极大地提高企业生产效率和经济效益。采用焊接机器人焊接已成为焊接技术现代化的主要标志。据统计，全世界工业制造领域中已经有 300 多万台机器人投入使用，其中应用最广泛的机器人是焊接机器人，占全部机器人的 45% 以上。在各种焊接技术及焊接系统中，以电子技术、信息技术及计算机技术综合应用为标志的焊接机械化、焊接自动化乃至焊接柔性化，是信息时代焊接技术的重要特点，实现焊接产品制造的机械化、自动化、柔性化已成为必然趋势。

8.3.1 焊接机器人的分类及特点

按照焊接工艺的不同，焊接机器人可分为点焊机器人、弧焊机器人、搅拌摩擦焊机器人、激光焊接机器人等类型。目前焊接机器人中应用比较普遍的主要有 2 种：点焊机器人和弧焊机器人。

1. 点焊机器人

点焊机器人如图 8-51 所示，是完成点焊自动作业的工业机器人，约占焊接机器人总数的 50%，其末端握持的作业工具是焊钳。点焊机器人不仅要有足够的负载能力，而且在点与点之间移位时速度要快捷，动作要平稳，定位要准确，以减少移位的时间，提高机械臂工作效率。通常，装配一台汽车车身大约需要完成 4000～5000 个焊点，引入点焊机器人可以取代笨重、单调、重复的人工体力劳动，还可以更好地保证点焊质量，可长时间重复工作，提高 30% 以上的工作效率，如图 8-52 所示。点焊机器人可以与其他设备组成柔性自动生产系统，特别适合新产品开发和大批量定制化生产，增强企业应变能力。

图 8-51　点焊机器人

图 8-52　汽车生产线的点焊机器人

点焊机器人的运行坐标形式有直角坐标式、圆柱坐标式、球坐标式和关节坐标式等类型。点焊机器人在发展初期只用于增强焊接作业，后期为了保证工件拼接精度，又要求点焊机器人完成定位点焊作业。随着技术发展，点焊机器人逐渐被要求有更全的作业性能，主要特点如下。

（1）点焊作业一般采用点位控制（PTP），重复定位精度 ≤ ±1 mm。

（2）点焊机器人工作空间大于焊接所需的空间（由焊点位置和数量确定）。

（3）根据焊接工件形状、种类、材质、焊缝位置选用焊钳。

（4）根据选用的焊钳结构、焊件材质、焊件厚度及焊接电流波形来选取点焊机器人额定负载。

（5）点焊机器人具有较强的抗干扰能力和较高的可靠性，平均无故障工作时间超过 2000 h，平均修复时间不大于 30 min，具有较强的故障自诊断功能。

（6）点焊机器人具有较高的点焊速度，单次点焊按时间（含加压、焊接、维持、休息、移位等点焊循环）与生产线物流速度匹配。

2. 弧焊机器人

弧焊机器人如图 8-53 所示，可以完成弧焊自动作业。弧焊机器人在计算机的控制下可以实现对连续轨迹和点位的控制，还可以利用直线插补和圆弧插补功能焊接由直线、弧线组成的空间形焊缝。

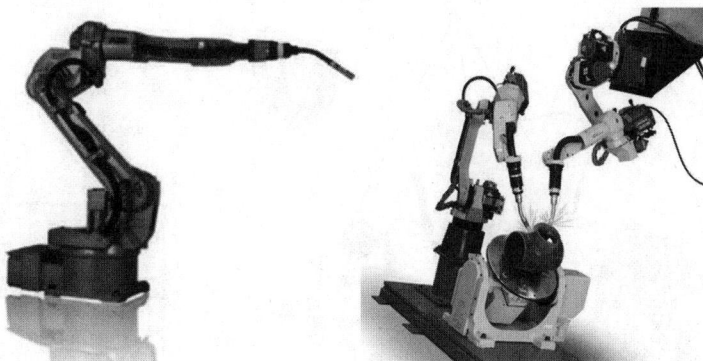

图 8-53　弧焊机器人

弧焊机器人机械本体通常是关节式（5~6 个自由度）机器人。在中大型工件（如车辆、船体、锅炉、大电机等）的焊接作业中，为加大工作空间，通常将焊接机器人悬挂起来，或安装在移动平台上使用。弧焊机器人还配有焊缝自动跟踪系统，适用于中小批量定制化焊接生产，广泛应用于通用机械、金属、航空航天、机车车辆及造船等行业。

根据焊接工艺的不同，弧焊机器人主要有熔化极焊接作业和非熔化极焊接作业两种类型，具有焊接作业持续时间长、生产率高、焊缝质量高等特点。

弧焊机器人主要特点如下。

（1）弧焊作业采用连续路径控制，重复定位精度不超过 ±0.5 mm。

（2）弧焊机器人工作空间大于焊接所需工作空间，为节省空间，经常将焊接机器人悬挂起来或安装在移动平台（如滑轨、AGV 等）上使用。

（3）按工件形状、焊件材质、焊接电源、弧焊方法等参数选择合适种类的弧焊机器人。

（4）弧焊机器人需要其他周边辅助设备组成弧焊机器人工作站，包括行走机构、移动机架、定位装置、夹具及变位机。

（5）弧焊机器人应具有防碰撞、焊枪矫正、焊缝自动跟踪、熔透控制、焊缝始端检出、定点摆弧、摆动焊接、多层焊接、清枪剪丝等功能。

（6）弧焊机器人具有较强的抗干扰能力和较高的可靠性、较强的故障自诊断功能，平均无故障工作时间超过 2000 h，平均修复时间不大于 30 min。

（7）在弧焊作业中，弧焊机器人具有较高的速度稳定性，一般情况下焊速约为 5~50 mm/s，在高速焊接中，采用伺服焊枪、高速送丝机等设备保证焊接的稳定性。

（8）弧焊工艺复杂，现场示教工作量大，占用大量生产时间，因此弧焊机器人多采用离线编程。其方法为借助虚拟仿真技术，利用计算机图形技术，将焊件与弧焊机器人的位置关系和焊接动作进行图形仿真，然后将示教程序传给生产线上的机器人。

8.3.2 焊接机器人的系统组成

1. 焊接机器人

1）焊接机器人的组成

焊接机器人一般由机器人本体、控制系统、焊接系统以及安全设备等组成，如图 8-54 所示。

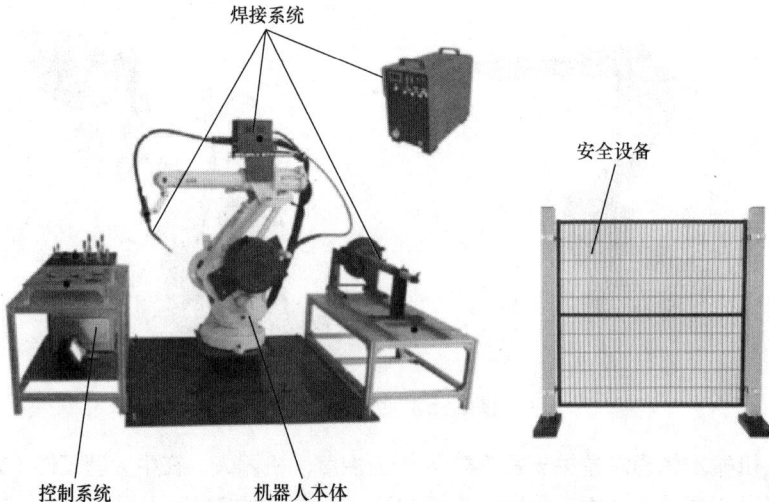

图 8-54 焊接机器人系统组成

（1）机器人本体

机器人本体是焊接机器人的执行机构，在焊接领域应用最广泛的是 6 自由度关节式机器人，6 自由度关节式机器人已被证明在结构尺寸相同的情况下可以获得最大的工作空间，并以较高的位置精度和最优的路径达到指定位置，机器人本体可以控制焊枪到达作业任务所要求的空间位置、姿态以及做连续运动。

（2）控制系统

控制系统可以与在同一层次或不同层次的计算机形成通信网络，并与传感器相配合，实现焊接点位、路径和参数的离线编程，焊接专家系统的应用以及生产数据的管理。

（3）焊接系统

焊接系统是焊接机器人完成任务的核心，主要由变位机、焊接电源、焊钳、焊枪、焊接控制器、焊接传感器及水、电、气等辅助部分组成。变位机能通过夹具来装夹和定位被焊工件，将被焊接工件旋转或平移到最佳的焊接位置。在应用中，变位机的负载能力及运行方式由任务决定，通常配置两台变位机，当其中一台进行焊接作业时，另一台则完成工件的装卸，充分发挥焊接机器人的效能，从而提高整个系统的效率。焊接控制器能完成焊接参数输入、程序下载、控制及故障自诊断，实现与焊接机器人控制系统的通信交互。焊接传感器可以实现工件焊缝及坡口的定位与跟踪、焊缝熔透信息的检测等。

（4）安全设备

安全设备是焊接机器人系统安全运行的重要保障，具有各类接触觉传感器或接近觉传感器，包括驱动系统过热自断电保护、动作超限位自断电保护、超速自断电保护、机器人系统工作空间干涉自断电保护及人工急停等保护措施。

2）点焊机器人的焊接系统

点焊机器人的焊接系统由点焊控制器进行控制，通过发出焊接开始指令，自动控制和调整焊接参数（如电流、压力、时间），控制焊钳的大小行程及夹紧/松开动作。焊接作业对点焊机器人的要求：一是运动的定位精度，由点焊机器人本体和控制器来保证；二是点焊质量的控制精度，由点焊机器人焊接系统来保证。焊接系统主要由阻焊变压器、点焊钳、点焊控制器及水路、电路、气路及其辅助设备等组成。

（1）点焊钳

点焊钳从用途上可分为 C 型和 X 型两种，如图 8-55 所示，通过机械接口安装在机械末端。

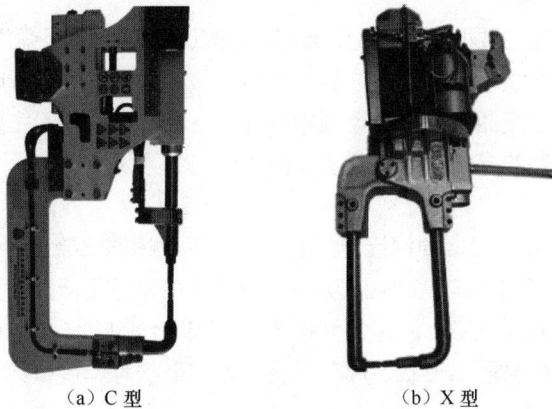

（a）C 型 　　　　　　　　　　（b）X 型

图 8-55　C 型和 X 型点焊钳

根据点焊钳的动力形式，可以将其分为气动焊钳和伺服焊钳。气动焊钳是使用压缩空气驱动的一种焊钳，如图 8-56 所示，通过气缸活塞驱动，由活塞的连杆带动两电极臂闭合或张开，在点焊机器人中应用较为普遍，一般具有多个行程，能够使电极完成大开、小开和闭合 3 个动作，电极压力调定后是不能随意变化的。

伺服焊钳是利用伺服电动机驱动替代压缩空气驱动的一种焊钳，如图 8-57 所示。伺服焊钳的开闭由伺服电动机驱动，脉冲码盘反馈，伺服焊钳的张开度可以根据实际需要设置，电极间的压力可以无级调节，是一种性能较高的机器人用焊钳。

图 8-56　气动焊钳 　　　　　　　　　　图 8-57　伺服焊钳

（2）点焊控制器

点焊控制器是一种相对独立的多功能电焊微机控制装置，用于点焊机器人焊接系统，主要功能如下。

① 点焊过程的时序控制、顺序控制预压、加压、焊接、维持、休止等。

② 焊接电流波形的调制，恒流控制精度在 1%～2%。

③ 同时存储多套焊接参数。

④ 电极磨损后的自动阶梯电流补偿、焊接点数记录及电极寿命预报。

⑤ 故障自诊断功能，故障进行显示并报警，直至自动停机。

⑥ 与机器人控制器及示教器的通信联系。

⑦ 断电保护功能，系统断电后内存数据不会丢失。

3）弧焊机器人的焊接系统

弧焊机器人焊接的质量主要取决于焊枪运动的轨迹以及焊接系统（弧焊电源及传感器等）性能。弧焊机器人的焊接系统（弧焊系统）是完成弧焊作业的核心，主要由弧焊电源、送丝机、焊枪和气瓶等组成。送丝机、焊枪、气瓶多采用市场通用设备，在此不多介绍，主要介绍弧焊电源和弧焊传感器，这两种设备技术参数的高低往往决定了焊接质量的优劣。

（1）弧焊电源

弧焊电源如图 8-58 所示，可以对焊接电流的脉冲频率、峰值电流、基值电流、脉冲宽度、占空比及脉冲前后沿斜率进行控制，实现对电流功率、恒流特性、恒压特性和其他形状等特性的精确控制，使得焊接过程平稳，减少飞溅，满足各种弧焊方法和场合的需要，也可以根据不同焊接工艺对焊丝直径、焊接方法、工件材质、形状、焊缝厚度、坡口形状等焊接参数进行预置，并根据需要实时监控和切换各组焊接参数。

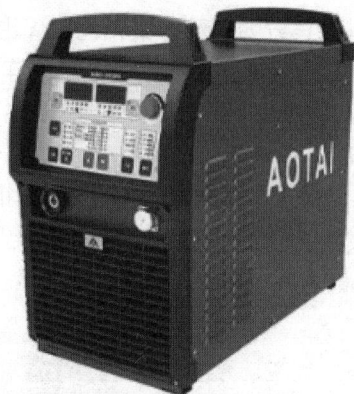

图 8-58　弧焊电源

（2）弧焊传感器

当前普遍应用的弧焊传感器有电弧传感器和光学传感器。

电弧传感器利用电极与工件之间的距离变化引起电弧电流或电压变化来检测坡口中心，不占用额外的空间，弧焊机器人可达性好。同时，电弧传感器直接从焊丝端部检测信号，易于进行反馈控制，信号处理比较简单，可靠性高，价格低，得到了较为广泛的应用。但电弧传感器必须在电弧点燃的情况下才能工作，电弧在跟踪过程中还要进行摆动或旋转，适用的接头类型有限，不适用于薄板工件的对接、搭接及坡口很小等情况。

光学传感器是一种基于三角测量原理的激光视觉传感器系统，具有很多优点：可以精确地获得接头截面几何形状和空间位置状态信息，获取的信息量大、精度高；检测空间范围大、误差容限大；可自动检测和选定焊接的起点和终点，判断定位焊点等接头特征；通用性好，适用于各种类型接头的自动跟踪和参数适应控制。

4）变位机

有些焊接场合，由于工件空间几何形状过于复杂，焊接机器人的末端工具无法到达指定的焊接位置或姿态，此时可以通过增加 1～3 个外部轴的办法来增加焊接机器人的自由度，常用的做法是采用变位机让焊接工件移动或转动，如图 8-59 所示，使工件上的待焊部位进入焊接机器人的作业空间。

图 8-59　变位机让焊接工件移动或转动

变位机是焊接专用辅助设备，主要任务是将负载（焊接夹具和焊件）按预编的程序进行回转和翻转，使工件接缝的位置始终处于最佳焊接状态。通过工作台的升降、翻转和回转，固定在工作台上的工件可以达到所需的焊接跟随角度。

工业中常用的变位机可以分为单轴翻转变位机、单轴悬臂变位机、单轴水平回转变位机、双轴标准变位机、L 型双轴变位机、C 型双轴变位机、三轴垂直翻转变位机、三轴水平回转变位机、五轴变位机等。

2. 辅助设备

焊接机器人是标准的生产加工设备，但其辅助设备是非标准的，辅助设备设计的依据是焊接工件。根据焊接任务的不同，常用的辅助设备如下。

（1）滑移平台

在作业中，将焊接机器人本体装在可移动的滑移平台（见图 8-60）或龙门架上，可以扩大机器人本体的作业空间，或者采用变位机和滑移平台的组合，确保工件的待焊部位和焊接机器人都处于最佳焊接位置和姿态。

（2）清枪装置

焊接机器人在施焊过程中存在焊钳的电极头氧化磨损、焊枪喷嘴内外残留焊渣以及焊丝干伸长度变化等现象，影响产品的焊接质量及焊接稳定性。常见的清枪装置有焊钳电极修磨机和焊枪自动清枪站，分别如图 8-61、图 8-62 所示，可以对焊钳的工作行程进行补偿，提高检测的精度和起弧的性能。

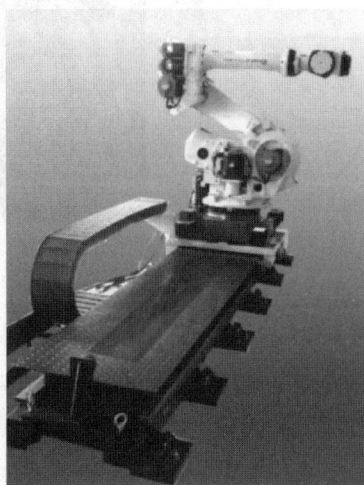

图 8-60　滑移平台

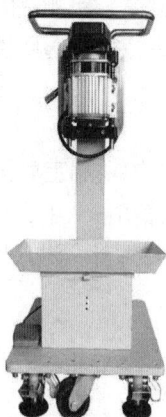

图 8-61　焊钳电极修磨机

图 8-62　焊枪自动清枪站

（3）工具快换装置

工具快换装置由连接器、主侧和工具侧 3 部分构成，主侧安装在焊接机器人上，工具侧安装在工具上，两侧以气压锁紧，并连通和传递电信号、气体、水等介质。工具快换装置如图 8-63 所示，为自动更换各种工具并连通介质提供了极大的柔性，能够快速适应多品种小批量生产现场。在弧焊机器人作业过程中，工具快换装置可有效解决焊枪需要定期更换和清理的问题，使得机器人空闲时间大为缩短，焊接过程的稳定性、系统的可用性、产品质量和生产效率都大幅度提高，适用于在工作过程中改变焊接方法的自动焊接作业场合。

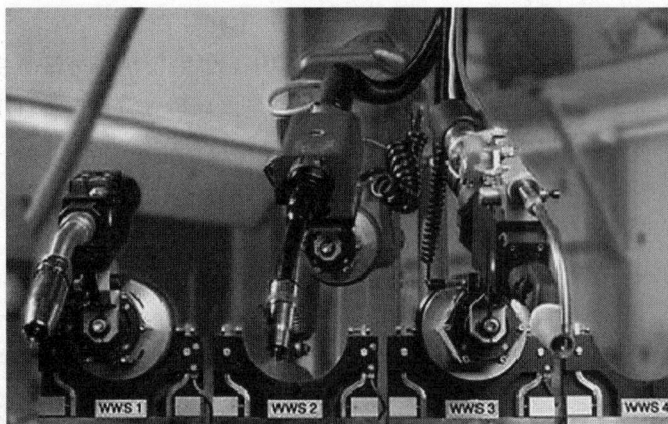

图 8-63　工具快换装置

（4）焊接烟尘净化器

焊接烟尘净化器用于净化焊接作业中产生的烟尘和粉尘，有些高性能的焊接烟尘净化器还可以对打磨、切割作业中产生的烟尘和粉尘进行净化以及对稀有金属、贵重物料进行回收等，减少悬浮在空气中的对人体有害的细小金属颗粒。

3. 工位布局

常见焊接机器人工位布局有单工位固定式、双工位固定式、多工位固定式、双工位单轴变位机 H 式、双工位回转式、行走+焊接机器人组合式、U 型变位机+焊接机器人组合式等。

【技能训练】

8.3.3 创建典型弧焊任务

工业机器人弧焊作业与工业机器人激光切割作业相类似，首先设计工业机器人程序及流程，然后加载、编辑、运行和调试工业机器人程序。完成两个钢管连接处的焊接，焊接轨迹等效为 4 个圆弧轨迹。根据任务要求，添加运动指令，修改运动参数，完成焊接工具的安装与切换，指定焊接路径的循迹。

任务实施

步骤 1：规划焊接工件轨迹。

要完成如上焊接任务，需要完成 9 个关键位置点的示教，如图 8-64 所示，其中 p21 为准备点，p20、p30、p40、p50、p60、p70、p80、p90 为 8 个焊接点。p20、p30 和 p40 构成第一个圆弧，p40、p50 和 p60 构成第二个圆弧，p60、p70 和 p80 构成第三个圆弧，p80、p90 和 p20 构成第四个圆弧。

图 8-64　工件焊接轨迹关键位置点

步骤 2：创建程序结构。

本任务需要创建主程序 main，qu_gongju、fang_gongju 和 hanjie 共 3 个子程序，如图 8-65 所示。

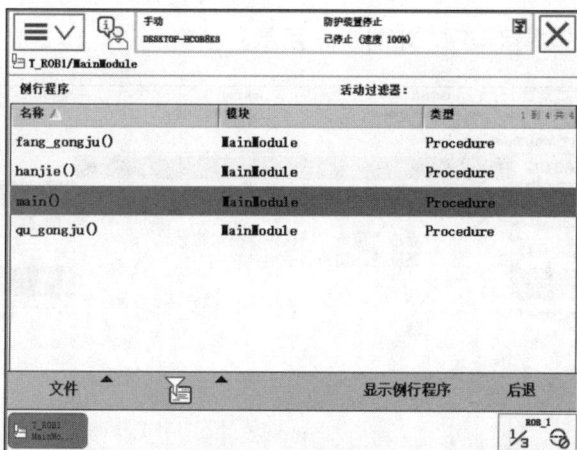

图 8-65　焊接任务程序结构

步骤 3：main 程序及说明如图 8-66 所示。

步骤 4：记录关键位置点数据，记录 1 个准备点和 8 个焊接点的位置，如图 8-67 所示。

程序	程序说明
MoveAbsJ jpos10\NoEOffs, v200, fine, tool0;	工业机器人返回原点
qu_gongju;	调用 qu_gongju 子程序
hanjie;	调用 hanjie 子程序
fang_gongju;	调用 fang_gongju 子程序
MoveAbsJ jpos10\NoEOffs, v200, fine, tool0;	工业机器人返回原点
MoveJ p10, v200, fine, tool0;	关节方式到达 p10 过渡点
MoveL p11, v200, fine, tool0;	直线方式到达 p11 接近点
MoveL p12, v200, fine, tool0;	直线方式到达 p12 接近点
Reset YV2;	复位主盘松开信号
Set YV1;	置位主盘锁紧信号，YV1 和 YV2 互锁
WaitTime 1;	延时 1 s
MoveL p11, v200, fine, tool0;	直线方式到达 p11 接近点
MoveJ p10, v200, fine, tool0;	关节方式到达 p10 过渡点
MoveAbsJ jpos10\NoEOffs, v200, fine, tool0;	工业机器人返回原点

图 8-66　焊接任务程序及说明

图 8-67　焊接点位置示教

步骤 5：自动运行模拟焊接程序，如图 8-68 所示。

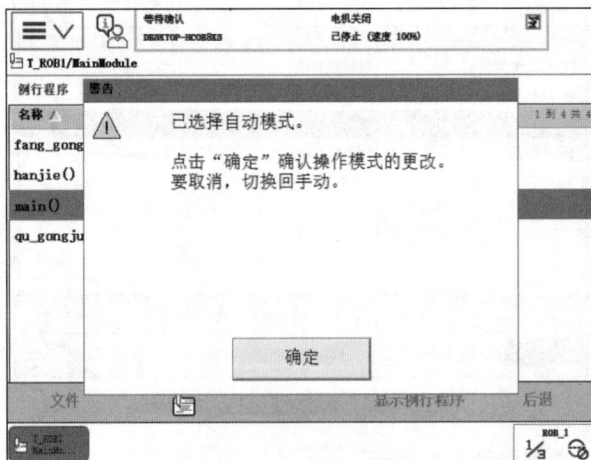

图 8-68　自动模式选择

步骤 6：将程序指针指向 main 程序首行，如图 8-69 所示。

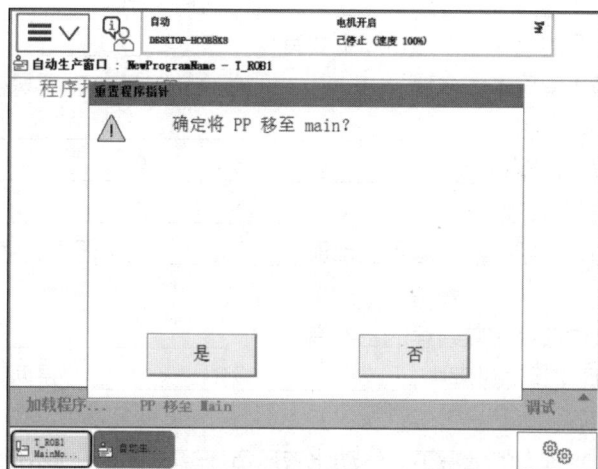

图 8-69　程序指针设置

步骤 7：启动工业机器人程序，机器人运行，如图 8-70 所示。

图 8-70　机器人运行

【模块小结】

通过对本模块的学习，同学们首先了解了不同工业机器人的分类和系统组成，包括码垛机器人、搬运机器人和焊接机器人等在工业生产中常见的机器人类型。这几种工业机器人根据任务有很大的不同，还可以细分为不同类型，通过对各种机器人以及机器人系统的典型组成的学习，同学们对工业机器人的工作原理和任务属性有了更深的了解，掌握了工业机器人的选型方法，对工业机器人的应用有了更为全面的认识。

【巩固练习】

一、填空题

1. 常见的码垛机器人结构包括_____、_____和_____。

2. 码垛机器人的末端执行器是夹持物品移动的一种装置，其原理、结构与搬运机器人的类似，常见形式有_____、_____、_____和组合式。

3. 实际生产中，常见的码垛工作站布局主要有_____和_____两种。

4. 关节式码垛机器人常见本体多为_____轴，亦有 5、6 轴码垛机器人。

5. 关节式搬运机器人主要由_____、_____、_____和_____组成。

6. 搬运机器人末端执行器有_____、_____和_____几种形式。

7. 直角坐标式搬运机器人有_____、_____、_____和_____几种。

8. 世界各国生产的焊接用机器人基本上都属_____型机器人，绝大部分有_____个轴。

9. 目前焊接机器人中应用比较普遍的主要有 2 种：_____和_____。

10. 弧焊机器人在焊接运动过程中，_____和_____是两项重要指标。

二、判断题

1. 通常在保证相同夹紧力的情况下，气动比液压负载轻、卫生、成本低、易获取，故实际码垛中以压缩空气为驱动力的居多。（   ）

2. 悬臂式码垛机器人可实现大物料、大吨位搬运和码垛。（   ）

3. 企业常用空气控压站对整个车间提供压缩空气和抽真空。（   ）

4. 点焊机器人点焊只需控制点位，至于焊钳在点与点之间的移动轨迹没有严格要求。（   ）

5. 弧焊机器人是用于弧焊自动作业的工业机器人，其末端持握的工具是焊钳。（   ）

6. 伺服焊钳是利用伺服电动机替代压缩空气作为动力源的一种焊钳，这种焊钳的张开度可以根据实际需要任意选定并预置，电极间的压紧力一旦设定好就不能随意更改。（   ）